这些汤彻底改变了我！

低能量窈窕瘦身美人汤

亚洲最强煲汤妈咪第一本瘦身煲汤书
挥别水肿体虚、代谢不良、脂肪堆积，
改变易胖体质，从一碗滋养身心的靓汤开始！

來自台灣的香港媳妇

主编 吴吉琳

U0299186

新疆人民出版总社
新疆人民卫生出版社

推荐序

时光熬煮自然真味

养生一直以来就是华人的好传统，千年以来不管从食、衣、住、行还是日常作息，这观念都一直深深地嵌在我们的生活脉络中，尤其是将食物辨识出营养价值达到食补食疗的效果，更是先人们的智慧精华。然而现代的社会使人太匆忙，在吃的方面越来越讲求快速见效，我们也渐渐漠视了食补的重要。科技的发达，更让我们常在不知不觉中暴露于各种化学食品添加剂的风险中，忘了原汁原味料理的美好。

来食安问题频传引起国人高度重视，唤醒了人们对于原汁原味、天然食材、健康烹饪、安全食器的注重。我也很有幸在这样的年代中，通过一系列丛书，认识了吴老师，以及彻底改变了她体质的养生煲汤方法。我虽然在2008年创作了乐活养生陶锅，强调原始的食材、天然的食器、养生的料理、慢生活的美好，但是认识吴老师和她的煲汤方法让我对于食补又有了全新的认识。

品尝了吴老师亲手用陆宝陶锅煲出的莲藕葛根排骨汤，那多层次的口感，是用慢火熬煮了8小时，搭配了陶锅的锁水和远红外线的加成后，不但吃出食材清甜的自然真味，喝完后更是齿颊留香、回味无穷，感觉到老师的用心，也真正感受到了老祖宗煲汤食补的真谛，于是自己也开始照书操作。今年我更邀请了吴老师巡回教导煲汤的知识，希望能让这中华饮食养生精髓，分享给更多的人。

本系列丛书的创作故事令人感动。一位非营养专科出身的女性，通过家人和自身的努力，不仅分享了不同功效所应对的食疗料理，也提供了许多煲汤知识与工具选择知识，她做得到，所有人也都应该能够做到。书中料理的步骤不仅简单易懂，也很贴切现代人的需求，对我来说，这本书已不仅是本食谱册，更是一本养生工具书，如同字典一样，能随时随地地在我需要时提供我各种养生方法，感谢老师的无私分享，我真的迫不及待的，希望每个人都能够感受这样的时光熬煮、自然真味！

陆宝品牌创办人
陶瓷创作家

吕柏谊

推 荐 序

执着健康的养生煲汤

2014初夏，与煲汤妈咪吴吉琳老师，结缘于厦门的一场陶锅发表会上，看着台上的她，认真讲解每一道汤品与煲饭的工序及养生观念，就如同陶瓷生产的流程一样马虎不得。

之后，也开始接触煲汤妈咪的汤品，与其他的汤品不同，在于吴老师的执着、细心，感受其用心，同时私下她也不厌其烦地分享她的各种养生健康煲汤观念。

经过这段时间的互动，我相信，她的持续与坚持在煲汤这条路上，可以提供大家在日常生活上不少养生知识，尤其煲汤这系列丛书，值得推荐。

HKDC 亚洲最具影响力设计大奖铜牌奖
设计师

许华山

适合自己的才是最好的瘦身方式

瘦身一直是我身体健康发生问题后不曾间断的课题。自从我身体出现问题到现在，有两次的肥胖经历：第一次是在将近30岁的时候，发现两边胸部有许多的肿瘤，当时心情压力及工作生活不正常，身体承受不了而内分泌大失调，一个月内遽胖了30千克。那个时候只要听到任何减肥方法，我都一味地去尝试，结果不但越来越胖，身体也变得更糟，脸色蜡黄之外还长满了痘痘，那阵子真是让我身心俱疲，还躲起来不工作不见人，甚至有点自暴自弃。

机缘之下就在这时认识了爸比，爸比家庭的正能量影响了我。我开始慢慢地走出来，面对它。婆婆因为自小先天性疾病缠身，知道健康的重要，因此为了照护家人健康，可说是学得一身本领；嫁过去之后婆婆爱屋及乌地照护我的身体，而且不停"用力"地倾囊相授。当时年轻、不爱人管的我，跟婆婆拉锯了好一阵子，结果半年后，身体会说话：一天五餐，餐餐两碗饭，饭前喝汤，饭后水果还可以瘦15千克，很明显地感觉身体比之前好喔！

第二次，则是在我40岁怀孕的时候，医生说因为遗传体质及高龄产妇代谢循环差，我再胖到111千克，但孕程中我完全没有不适，到宝宝出生前一天我还很有体力地工作。宝贝今年4岁，我也已瘦了将近50千克。所以这本书可说是将我的心路历程全程贡献了，希望你也能跟我一起继续努力，瘦得健康，瘦得元气满满！

瘦身不能操之过急、不能乱听坊间秘方，你要多听身体的声音，正确的判断适合身体现况的瘦身方式，像我就会听自己身体的声音之后依状况调整：睡眠不足要喝强化肾功能的汤，火气旺要多喝降火排毒的汤，水肿则需要喝祛水利湿的汤，再搭配适合自己的饮食、运动养成及其他我自己钻研好用的排毒方法。

适合自己，而且会持续使用，不伤害身体的方法就是最好的瘦身方法，希望你也能在这里找到适合你的方法。

煲汤妈咪吴吉琳

轰动亚洲的签书讲座 实况转播

2014年7月马来西亚国际书展力邀!
最畅销的煲汤达人和书迷相见欢,场场爆满,签到手酸!
分享健康又美味的煲汤诀窍、调养保健之道,
养生也可以如此简单不麻烦。
用一碗碗的靓汤,温暖每一位书迷的身心灵。
改变你人生的一碗汤,就在《低能量窈窕瘦身美容汤》!

CONTENTS

目　　　　录

CONTENTS

目 录

CONTENTS

目　　录

CONTENTS
目　　　录

掌握要诀
煲好汤很容易

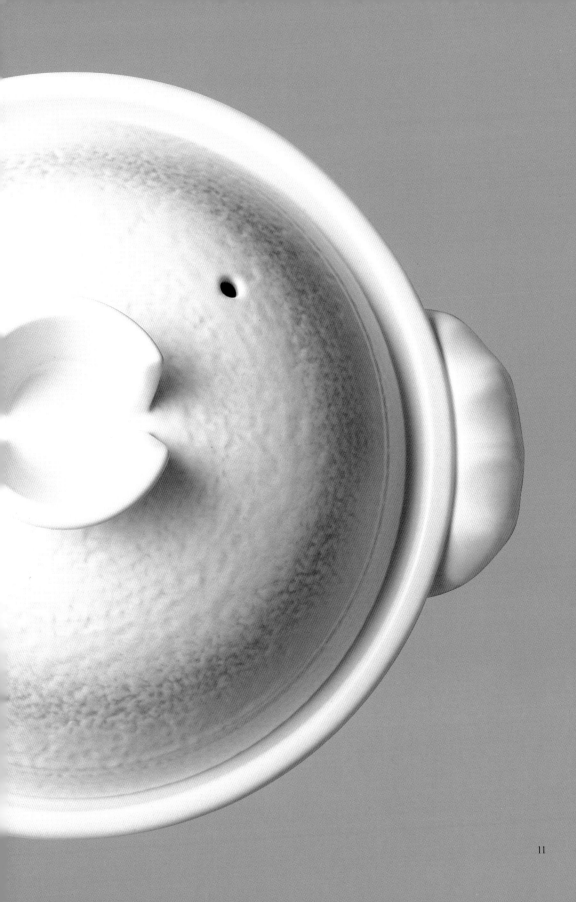

① 煲汤有四种做法

煲

四季皆可用的煲法

制法: 把处理好的食材, 放进盛有材料约3~4倍水量的锅中, 武火烧沸后, 改为小火长时间加热约3~4小时至汤浓料绵, 最后适当调味即成。

口感: 鲜甜浓郁、可口鲜美, 材料大多口感干柴, 可吃可不吃。

炖

多用于秋冬季类似人参这类会挥发药性的材料炖补

制法: 将处理好的食材, 置于炖盅内, 加入适量开水, 加盖 (要密闭性佳, 没有可用炖盅密封纸)。把炖盅至于水锅内, 加适量水隔水炖汤, 武火烧沸后, 用小火煲至少3小时。要喝的时候才调味。

口感: 原汁原味, 清爽鲜美。

滚

多用于春夏季开胃汤品

制法: 将材料经刀工处理为较细致后, 放入滚水中加热至熟, 调味成汤即成。

口感: 汤清简约、肉菜滑嫩。

烩

制法: 将材料经刀工处理为较细致后, 放入滚水中加热至微沸, 放入芡汁(太白粉、地瓜粉、马蹄粉与水调和), 调味成汤即成。

口感: 浓稠香滑。

2 锅具——煲汤精彩全靠它

煲汤要选一只好锅是很重要的，但不论挑选何种，首重材质跟你愿意用它持续煲汤的便利为主。

先来说说煲汤的锅。香港人煲汤瓦锅是传统首选，但因制程与保存不易已渐淘汰，妈咪由早年的不拘，到现在因为教学专业的需求与考究，有了更深入的了解！

一只好的陶锅是煲汤的首选与必备，陶锅因毛孔均匀对流效果好，陶土的远红外线释放充足，增添汤头风味，而且能节能减碳，饮食的安全也有保障。

而挑锅跟养锅现在是课堂及读者洽询最多的问题，以下就让我来说说这两个重点吧！

（一）如何挑选一口好陶锅

1.材质需绝对不含铅镉

与入口食物紧密相关的锅具，在材质选择上必须谨慎。劣质金属锅在烹饪时可能会产生化学物质，危害人体健康，而陶锅如果在材质上选择不当，也会有铅镉超标的危险存在。那如何才能知道陶锅的材质是不含铅镉的呢？经过了美国最严格的加州铅镉食品安全检测和SGS认证，符合美国FDA标准的铅镉安全检测的陶锅，就可以放心购买和使用了。

2.必须耐高温，可承受急剧温差变化

砂锅烹煮料理虽然美味，但是也很容易在冷热温差变化下裂开，耐用度就大大降低了。选择一口好锅，耐用度也是考量的关键。烧制陶锅的陶土必须是耐高温，并且膨胀系数极低的，这样烧制而成的陶锅，才不会出现使用几次就裂开的情况，在急剧的冷热温差变化下，也不会因热胀冷缩而骤裂。此类陶锅热稳定性的范围会比较大，可以提供烹饪时最安全的保障，让陶锅使用更长久。

3.烹饪效果: 保持食材原汁原味和完整营养

锅具在烹饪过程中承担着重要作用, 对最后的菜品起着至关重要的影响, 因此需慎重选择。

好的陶锅能让食材在烹煮过程中受热均匀, 释放出有益健康的远红外线能量, 更能激发食材内部的水分子共振加热, 保留食材的原汁原味和完整营养, 不但让料理鲜美, 还兼具养生功效。

4.保持水分, 为料理加分

陶锅最适合用来煲汤, 而如何能更有效地让水分得到保持、增加其料理的水分, 也是非常重要的。如锅盖的突点设计、双层盖设计, 都能防止烹饪过程中水分流失, 这样煮出的料理才能汁多味美, 拥有绝佳的口感。

(二) 如何使用及保养陶锅

陶锅不同于一般的锅具,使用及保养都需要更加用心,才能让其烹煮的料理更加美味,使用期更加长久。

1.新买的陶锅使用前务必先养锅

未使用过的新陶锅会通过毛细孔吸水,这是正常现象,不需担心。因此第一次使用陶锅时,请先养锅。养锅方法为煮白粥或粥水之后浸泡8小时,可让陶锅毛孔阻塞避免渗水,让陶锅更耐烧,并可延长陶锅的使用寿命。

2.建议以中小火烹饪

陶锅具有绝佳的蓄热效果,建议以中小火烹饪,不但可以节能减碳,而且食材受热均匀,风味更佳。

3.冷锅冷油,冷锅冷水一起加热

陶锅和铁锅不同,不能将陶锅干烧后再倒入油或水!正确的做法是:先把锅内的水分擦干,倒入油或水,最后再开火,这样既安全,又可以保持食物的原汁原味。

4.海绵或者软布清洗

陶锅为易碎物品,使用时请小心避免碰撞。用完后请以海绵或者软布进行清洗。

5.倒置锅身,自然风干

陶锅清洁完后建议锅身擦干后倒置,让其自然风干。收存时可以不盖上盖或者盖住2/3,保持锅内空气流通,避免湿气残留而发霉。

【砂 锅】

是一种砂质陶土为材料的锅具,没有上釉的称为瓦锅。一般市面上的多为上釉砂锅,劣质的砂锅磁釉中含有少量铅,煮酸性食物时容易溶解渗入食物中,要慎选。而砂锅特色是透气性佳、煲温效果好,煲出来的汤头也浓郁,但是因为容易裂开,使用寿命短,收藏保养不可偷懒,要常养锅、忌大火才能延长使用时间。

【焖烧锅】

焖烧锅的特色是节省能源及时间,很适合双薪家庭没有空顾炉火的人使用,不过要选择保温效果好的焖烧锅,才能煲汤。焖烧出来的汤,虽然食疗效果不亚于煲汤,但汤头偏清一些。因为焖烧效果再好,也不能达到火的温度,若想再增加口感,可以在吃之前,上炉滚个20~30分钟,再加些许盐调味,也不错喔!

【不锈钢锅】

不锈钢锅是家庭准备餐点的好辅具，价格不贵，好清洗好保养，用于煲汤效果尚可，是没有陶锅、砂锅时最好的选择。亚于陶锅的原因是因为不锈钢的温度是靠火力来维持，受热快散热也快，蓄热效果差，相对的煤气使用量比较多。用不锈钢锅煲汤的时候要注意火候的控制，不然挥发较快，容易烧干。

【炖　盅】

一般材质多为陶、磁、紫砂制，体积大多不会太大，而外面会需要大一点的水锅。只要慎选炖盅材质，外面水锅形式不拘，现在市面上甚至有卖电子炖锅，也是安全无虑的好选择喔~

【快 锅】

快锅是忙碌家庭的好帮手，多为不锈钢材质，建议要选择304厚身的快锅。薄锅盖的安全堪忧，选择好品质、优良的品牌，价格贵一点都可以接受，除了用料的食安问题，蒸气爆盖的问题也要注意。

【铝 锅】

受热比较均匀，但其导热性能强，烹煮时容易糊锅，营养成分易流失。

铝质器皿加热过长可导致铝金属分子外溢，在人体内积累过多容易伤脑，特别对儿童大脑发育极为不利。劣质的金属锅烹煮汤品时，会使汤水发黑发青，也会释放不良毒物，既影响食物营养，对人体有害。

【紫砂锅】

是新兴的煲汤锅具，但是真正的宜兴紫砂已近枯竭，即便是次等紫砂原料价格已是陶土的十倍，所以市面上紫砂比陶锅便宜的贩售，其真假可疑。而就算优质的紫砂其导热性不及陶土，骤冷骤热也容易导致紫砂爆裂，制造时必须添加耐冷耐热材料，而假紫砂有添加化工原料色素，长期使用对人体有极大伤害。

③ 水质要把关

所有的食物都含水分, 烹煮食物更是需要, 但是污染日益严重的现在, 水质越来越差, 不过, 掌握下列五点就可以喝到安心又健康的好水。若你家的水质未通过这标准, 请为自己选择优质的过滤器。我的孩子不爱喝饮料却很爱喝水, 因为好的水喝起来是甜的, 请把买饮料的钱省下来为家人添购一部好的过滤器吧。

或是可以选择市面上许多随身的能量商品, 它可以在水质不佳的地方转化水质, 让你随时随地都可以喝到一杯好水。

好水的条件:

①	不含有害物质: 即去除水中的污染源或化学物质, 尤其要除去水中的余氯, 那是一种令人不快的臭味。
②	含有适当的矿物质成分 (钙、镁、钠、钾等) 适量的矿物质; 1千克水中含有100毫克程度的矿物质为最理想。
③	硬度适中: 钙、镁等矿物质的合计质称为硬度, 以1千克水中含有50毫克左右最为适当。
④	含氧及碳酸离子: 水是由二个氢和一个氧所组成, 含氧量不足就不是良质水。
⑤	ph值 (酸碱值) 略高: ph值7.4~8.0, 略偏碱性的水比较好。
⑥	不含细菌: 合乎标准的水必须没有有害健康的病原菌及有毒物质, 并且要清澈纯净, 无任何杂物。

❹ 食材、药材的选择与搭配

1.品质严选

食安问题多，有机也不见的就是真的有机，而且有机食材所费不赀，其实不妨观察周边是否有优质小农，可以吃到安心又平价的食物。卖场上包装精美的不一定就可以安心，简单的粗食是最原始的营养，用心观察你会找到你的专属供应商。

2.搭配合宜

香港煲汤有依季节、症状、相克相生的原则去配搭，只要初期多花时间研究一下，不一定要依照食谱材料缺一不可，其实信手拈来都是好汤，持续地喝好汤才是煲汤保健的根本。

3.清洗彻底

以前总有人说药材千万不要洗，洗了就没有效果，我不这样认为，这些年因为食安、运送问题等，中间不知道经过多少手，也不知道商人如何保存，所以重复浸洗是我煲汤一贯的坚持。

而肉类我们一定先用热水滚5分钟以上去血水，清洗备用，不斩件、白鸡去鸡皮、乌鸡留一半的鸡皮；而鱼我们一定要用热油将鱼两面煎至金黄色，用布袋包起，下锅同煮。

5 火候、水量、调味与下料时机

1.火候与水量

经过几年与读者的交流，我发觉每一家的火大小不一。其实火太大，源头可以调整。我觉得原则是汤滚起来之后转小火，汤滚的程度是微滚；若不断冒烟甚至溢出来，那表示火源太大需要调整，不然很快就会烧干喔！而水量因每家的锅大小不一，我的建议是锅子最好是约4~5升，水量是八分满左右，若锅小食材依比例减量。

2.调味功夫

煲汤的调味，在我家是不太需要的，因为食物精华溶于汤中，我认为原味就很浓郁鲜美了，如果你真的觉得不够，一小匙盐也已足够。我不建议重口味者再多加味精、鸡精等，这些都会增加肾脏负担。口味可以培养，为了身体健康，建议重建口味喔！

3.冷水下料——汤鲜功效显

热水的高温或过早放盐都会加速肉的外层蛋白质凝固，使之不能充分溶解到汤里，其他材料也是，所以最佳的煲法是用冷水，慢慢地加温，材料内部营养就能充分释放。

⑥ 时间全掌握，方便又轻松

煲汤时间要依生活形态。传统香港家庭煲汤是4个小时以上，但是双薪家庭又如何是好呢？

我建议前一天将所有煲汤材料准备好，早上起床第一件事就是煲汤，然后张罗家人上班上课，等到出门时大概已经过1~2个小时，出门前关火，好的陶锅基本蓄热功能可以焖煲将近一小时。

晚上下班回家时，第一时间打开火续煲，等你换好衣服、准备晚餐到用餐时间，有可能也1~2小时，那煲汤时间已足够了。

如果喜欢喝清爽汤头的话，用电锅也是不错的选择。现在电锅也有陶制内锅可以用，煲汤效果也很好喔！

时间煲法一切皆依个人喜好，重点是持续喝好汤，就是我所推崇的自然养身法。

转换水质，随时喝好水

贰

68道
汤品茶饮菜饭

干贝佛手花果汤 ⬦01

【 汤 品 篇 】

| 材 料 |

干贝 ···················· 3 颗	玉米 ···················· 1 条
白背木耳 ·············· 30克	黄花菜 ················· 6 克
佛手瓜 ················· 2 颗	猪瘦肉 ················· 300克
无花果 ················· 10颗	水 ··················· 3500毫升
红萝卜 ················· 1 条	

做 法

① 干贝用清水冲洗干净,用清水浸泡连水备用。

② 将白背木耳用清水洗净浸泡,静待木耳发泡20分钟后,洗净备用。

③ 佛手瓜用洗菜用菜瓜布将皮刷洗干净,对切去核备用。

④ 无花果、黄花菜用清水重复浸泡将杂质浸出,洗净备用。

⑤ 红萝卜洗净,削皮备用;玉米用清水清洗干净备用。

⑥ 猪肉用滚水氽烫后,洗净备用。

⑦ 锅中注入清水,放入所有材料,滚水后转小火煲3小时后,加少许盐调味。

药食材介绍

干贝	味甘性平;滋阴补肾 和胃消食
白背木耳	味甘性平;清血脂 利心血管疾病
佛手瓜	味甘性凉;清热利湿 通淋除烦渴
无花果	味甘性平;健脾滋养 润肠通便
红萝卜	性微温;清热解毒 健胃消食
玉米	味甘性平;健胃利尿 促进新陈代谢
黄花菜	性平味甘;宁神安眠 清热利尿
猪肉	性味甘咸平;滋阴补虚 强身丰肌

干贝

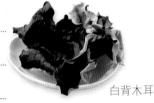
白背木耳

佛手瓜

小小叮咛

肉类不拘,请随喜配搭,素食者可以用腐皮、蔬果替代。煲汤没有局限,少一味无妨,持续煲汤才是王道。

适饮对象

高血压、心血管疾病、烦渴热湿、消化不良、便秘的人。

干贝冬瓜扁豆汤 ◇02◇

材料

【 汤 品 篇 】

冬瓜······500克		蜜枣······2颗	
干贝······3颗		生姜······2片	
薏仁······20克		排骨······250克	
扁豆······20克		水······3000毫升	
芡实······20克			

做法

① 干贝用清水冲洗干净,用清水浸泡连水备用。

② 冬瓜用洗菜用菜瓜布搓洗干净,连皮带籽切大块备用。

③ 薏仁、扁豆、芡实用清水洗净,浸泡备用。

④ 蜜枣洗净备用,生姜切片备用。

⑤ 排骨用滚水汆烫过后,洗净备用。

⑥ 锅中注入清水,放入所有材料,滚水后转小火煲3小时后,加少许盐调味。

药食材介绍

扁豆	性甘味微温;健脾化湿
蜜枣	味甘性平;补益脾胃 缓和药性
干贝	味甘性平;滋阴补肾 和胃消食
冬瓜	性寒味甘;清热生津 利尿消肿
芡实	味甘涩性平;补中益气 健脾止泻
薏仁	味甘淡性凉微寒;健脾补肺 清热利湿
姜	性微温味辛;温中散寒 活血祛风
排骨	性味甘咸平;补虚强身 益精补血

芡实

薏仁

蜜枣

小小叮咛

便秘、消化不良者不宜食用芡实。

干贝冬瓜煲鸭汤

同种食材,不同做法,无限美味,尽有可能!

做 法

① 腐竹用清水洗净,切段备用。

② 花生、马蹄用清水洗净备用。

③ 红枣浸洗干净,去籽备用。

④ 冬菇用清水浸泡、挤干,重复数次,去柄备用。

⑤ 瘦肉切大块,用滚水氽烫后备用。

⑥ 锅中注入清水,放入所有材料,滚水后转小火煮40分钟后,加少许盐调味。

药 食 材 介 绍

腐竹	味甘性平; 清热润肺 止咳消痰
花生	味甘性平; 健脾和胃 利肾通乳
马蹄	性甘味寒; 入肺、胃三经; 清心泻火 利尿通便
冬菇	味甘性平凉, 降低胆固醇 增免疫强排毒
红枣	味甘性温; 健脾胃 养肝排毒 养血补气
姜	性微温味辛; 温中散寒 活血祛风
猪肉	性味甘咸平; 滋阴补虚 强身丰肌

腐竹

马蹄

冬菇

花生腐竹汤

同种食材,不同做法,无限美味,尽有可能!

小 小 叮 咛

肉类不拘,请随喜配搭,素食者可以用腐皮、蔬果替代,煲汤没有局限,少一味无妨,持续煲汤才是王道。

腐竹花马冬菇汤 ◇03

【 汤品篇 】

材料

水发腐竹	80克
花生	80克
去皮马蹄	110克
水发冬菇	45克
红枣	30克
姜片	少许
瘦肉	100克
水	3500毫升

田七丹参冬菇鸡汤 ◇04

| 材 料 |

丹 参	20克	冬 菇	5朵
田 七	10克	乌 鸡	1只
枸 杞	20克	水	3500毫升

| 做 法 |

① 田七、丹参用清水洗净备用。

② 冬菇用清水浸泡、挤干，重复数次备用。

③ 枸杞用清水洗净，浸泡10分钟后，洗净沥干备用。

④ 乌鸡用滚水余烫过后，去除内脏杂质，清水洗净备用。

⑤ 锅中注入清水，放入所有材料，滚水后转小火煲3小时后，加少许盐调味。

丹参　　　　　　　　　田七　　　　　　　　　枸杞

| 药 食 材 介 绍 |

丹参	味苦性微寒; 强心护脑 活血通经
田七	味甘苦性温; 活血散瘀 消肿定痛
枸杞	味甘性平; 滋肾润肺 补肝明目
冬菇	味甘性平凉; 降低胆固醇 增免疫强排毒
乌鸡	性平味甘; 滋阴清热 益肝肾 补气健脾

小 小 叮 咛

孕妇忌用田七。

有出血的人慎用丹参。

适 饮 对 象

三高人士、心血管疾病、气血循环不佳、虚劳发热、睡不安宁、月经不调的人。

做 法

① 赤小豆、葛根用清水洗净备用。

② 葛根切片,老黄瓜切段,去籽备用。

③ 蜜枣洗净备用。

④ 排骨用滚水氽烫过后,清水洗净备用。

⑤ 锅中注入清水,放入所有材料,滚水后转小火煲2小时后,加盐调味。

药食材介绍

赤小豆	性平味甘酸;健脾利湿 消肿解毒
老黄瓜	味甘性凉;清热降燥 利水解毒
葛根	性凉味甘辛;解表退热 生津止泻降血糖
蜜枣	味甘性平;有补益脾胃 缓和药性
排骨	性味甘咸平;补虚强身 益精补血

赤小豆　　　　　　　葛根　　　　　　　蜜枣

小小叮咛

如果没有老黄瓜,大黄瓜放一段时间也是可以喔~

适饮对象

高血糖血脂、美容养颜、心血管疾病、体内湿重、火旺疲惫的人。

赤小豆葛根老黄瓜汤 ◇05

| 材 料 |

水发赤小豆	85克	排骨块	150克
老黄瓜	175克	水	3500毫升
去皮葛根	75克		
蜜枣	45克		

响螺白花汤 ◇06◇

【 汤品篇 】

| 材 料 |

响螺·······················40克	猪肉·······················300克
无花果·····················15颗	水·······················3000毫升
白菜·······················600克	
陈皮·······················1角	
姜·························2片	

做 法

① 响螺用清水洗净,用姜葱酒盖上锅盖同煮10分钟,静置2小时洗净备用。

② 无花果浸泡10分钟洗干净备用。姜洗净,切片备用。

③ 白菜用清水洗干净,沥干备用。

④ 陈皮用清水浸泡,刮去皮内白瓤洗净沥干备用。

⑤ 猪肉用滚水汆烫过后,洗净备用。

⑥ 锅中注入清水,放入所有材料,滚水后转小火煲3小时后,加少许盐调味。

药 食 材 介 绍

响螺	味甘咸性寒;明目利水 滋阴养颜
无花果	味甘性平;健脾滋养 润肠通便
白菜	味甘性寒;促进肠胃蠕动 宽脾除烦
陈皮	味苦辛性温; 理气调中 燥湿化痰
姜	性微温味辛;温中散寒 活血祛风
猪肉	性味甘咸平;滋阴补虚 强身丰肌

响螺

无花果

陈皮

小 小 叮 咛

响螺可以一次浸发多一点,用袋子分装,放入冷冻库储存,每次取一份使用。

适 饮 对 象

脾胃不佳、便秘、水肿脾湿、养颜美容的人。

做 法

① 苹果、雪梨皮洗净对切去核，用清水洗净备用。

② 沙参、玉竹、无花果用清水浸泡，洗净备用。

③ 陈皮用清水浸泡，刮去皮内白瓤洗净沥干备用。

④ 猪肉用滚水汆烫过后，洗净备用。

⑤ 锅中注入清水，放入所有材料，滚水后转小火煲3小时后，加少许盐调味。

药食材介绍

苹果	味微甘酸性平；促肠胃蠕动 控制血压
雪梨	味甘性寒；生津润燥 清热化痰
沙参	味甘苦性微寒；养阴清肺 养胃利咽喉
玉竹	味甘性平；养阴润燥 除烦止渴
无花果	味甘性平；健脾滋养 润肠通便
陈皮	味苦辛性温；理气调中 燥湿化痰
猪肉	性味甘咸平；滋阴补虚 强身丰肌

沙参

陈皮

无花果

小小叮咛

如果想吃到果肉，苹果、雪梨可以最后半个钟头再放。

适饮对象

心力不足、咳嗽烦渴、虚劳发热、肺阴不足、脾胃不佳、便秘的人。

苹果雪梨花果汤

【 汤品篇 】

材料

苹果	2颗	无花果	10颗
雪梨	1颗	陈皮	1角
沙参	30克	猪瘦肉	300克
玉竹	30克	水	3000毫升

牛蒡萝卜百杞汤 ◇08◇

【汤品篇】

| 材料 |

牛蒡	300克	姜	2片
芡实	20克	排骨	300克
百合	20克	水	3000毫升
枸杞	20克		
白萝卜	500克		

做 法

① 牛蒡、白萝卜削皮洗净，切成大块备用。

② 芡实、百合用清水洗净备用。

③ 枸杞洗净浸泡10分钟，再清洗沥干备用。

④ 姜洗净，切片备用。

⑤ 排骨用滚水氽烫过后，洗净备用。

⑥ 锅中注入清水，放入所有材料，滚水后转小火煲3小时后，加少许盐调味。

药 食 材 介 绍

牛蒡	味苦性寒；降血糖血脂 促进排便
芡实	味甘涩性平；补中益气 健脾止泻
百合	味甘性微寒；润肺止咳 清心安神
白萝卜	味甘辛性微凉；预防感冒，增强消化机能
枸杞	味甘性平；滋肾润肺 补肝明目
姜	性微温味辛；温中散寒 活血祛风
排骨	性味甘咸平；补虚强身 益精补血

牛蒡

芡实

枸杞

小 小 叮 咛

芡实，便秘、消化不良者不宜。
牛蒡性寒，肠胃不佳的人不宜过量。

适 饮 对 象

睡不安宁、脚气浮肿、久咳痰多、脾肾不佳、精气不足、头晕目眩的人。

瓜仁薏仁眉豆汤 ◇09◇

【汤品篇】

材 料

西瓜仁·····················100克　　白背木耳·····················20克
薏仁·······················20克　　排骨·······················300克
眉豆·······················30克　　水·······················3500毫升

做 法

① 将白背木耳用清水洗净浸泡，静待木耳发泡20分钟后，洗净备用。

② 西瓜去肉去皮留瓜仁，切成块洗净备用。

③ 薏仁、眉豆洗净浸泡备用。

④ 排骨用滚水汆烫过后，洗净备用。

⑤ 锅中注入清水，放入所有材料，滚水后转小火煲3小时后，加少许盐调味。

薏仁

眉豆

药 食 材 介 绍

西瓜仁	味甘性平；清暑除烦 开胃利尿
眉豆	味甘性平咸；健脾补肾 安神益气
白背木耳	味甘性平；清血脂 利心血管疾病
薏仁	味甘淡性凉微寒；健脾补肺 清热利湿
排骨	性味甘咸平；补虚强身 益精补血

白背木耳

小 小 叮 咛

瓜仁不去皮也是可以的。

西瓜皮煲薏仁

同种食材，不同做法，无限美味，尽有可能！

43

材料

昆布 ························ 100克
绿豆 ························ 200克
生地 ························ 30克

猪肉 ························ 600克
水 ························ 3500毫升

做法

① 昆布用清水洗净浸泡发开, 换水数次洗净沥干备用。

② 绿豆用清水洗净, 浸泡备用。

③ 生地用清水洗净数次备用。

④ 猪肉用滚水汆烫过后, 洗净备用。

⑤ 锅中注入清水, 放入所有材料, 滚水后转小火煲3小时后, 加少许盐调味。

药食材介绍

生地

绿豆

昆布	味咸性寒; 凉血降火 调降三高 增强免疫力
绿豆	味甘性寒; 清热解毒 利水消肿
生地	味甘苦性寒; 滋阴 凉血 养血
猪肉	性味甘咸平; 滋阴补虚 强身丰肌

小小叮咛

若没有昆布, 用海带、海带芽也可以。

适饮对象

月经不调、阴虚发热、皮肤疹发、暑热烦渴的人。

10

昆布绿豆瘦肉汤

【 汤 品 篇 】

首乌黑豆红枣汤 ◇11◇

【 汤 品 篇 】

| 材 料

首乌·····················40克	乌鸡块·····················220克
水发黑豆·················100克	姜片、枸杞·················各少许
红枣·····················30克	水·····················3000毫升
水发薏米·················90克	

做 法

① 锅中注水烧开，放入乌鸡块搅匀。

② 汆煮一会儿，去除血渍后捞出，沥干备用。

③ 砂锅中注入清水烧开，放入所有材料搅匀。

④ 加盖，烧开后小火煲煮约100分钟，至食材熟透。

⑤ 揭盖，加盐、鸡粉搅匀，续煮一会儿即可。

药食材介绍

首乌	味甘苦涩性温; 补肝益肾 养血祛风 乌发
黑豆	性平味甘; 补脾利水 解毒
红枣	味甘性温; 健脾胃 养肝排毒 养血补气
薏米	味甘性凉; 利水健脾 清热排脓
姜	性微温味辛; 温中散寒 活血祛风
乌鸡	性平味甘; 滋阴清热 益肝肾 补气健脾

首乌

黑豆

薏米

小 小 叮 咛

首乌忌用铁器烹煮。

燥热体质不宜多饮此汤。

首乌黑豆乌鸡汤

同种食材，不同做法，无限美味，尽有可能!

冬瓜荷叶双红汤 ◇12

【 汤品篇 】

| 材 料 |

冬瓜	500克	红枣	10颗
荷叶	10克	生姜	2片
冬菇	5朵	排骨	250克
红莲子	30克	水	3000毫升
淮山	30克		

做 法

① 冬瓜用洗菜用菜瓜布搓洗干净，连皮带籽切大块备用。

② 红枣浸洗干净，去籽备用；生姜洗净，切片备用。

③ 冬菇用清水浸泡、挤干，重复数次备用。

④ 荷叶、莲子、淮山用清水洗净，沥干备用。

⑤ 排骨用滚水汆烫过后，洗净备用。

⑥ 锅中注入清水，放入所有材料，滚水后转小火煲3小时后，加少许盐调味。

药 食 材 介 绍

冬瓜

冬瓜	性寒味甘；清热生津 利尿消肿
荷叶	味苦性平；清暑利湿 升发清阳
冬菇	味甘性平凉；降低胆固醇 增免疫强排毒
淮山	味甘性平；健脾和胃 益气补肺 固肾涩精
红莲子	味甘涩性平；养心益肾 补脾涩肠 除寒湿
红枣	味甘性温；健脾胃 养肝排毒 养血补气
姜	性微温味辛；温中散寒 活血祛风
排骨	性味甘咸平；补虚强身 益精补血

淮山

荷叶

小 小 叮 咛

燥热、感冒发烧者尽量不用淮山。

适 饮 对 象

消化不良、肠胃不佳、支气管不佳、高血脂、免疫力低下、水气浮肿、高血脂、脂肪肝的人。

| 材 料 |

水发赤小豆⋯⋯⋯⋯⋯⋯45克
花生米⋯⋯⋯⋯⋯⋯⋯⋯55克
水发眉豆⋯⋯⋯⋯⋯⋯⋯70克
核桃⋯⋯⋯⋯⋯⋯⋯⋯⋯70克

排骨块⋯⋯⋯⋯⋯⋯⋯155克
水⋯⋯⋯⋯⋯⋯⋯3500毫升

| 做 法 |

① 所有材料清洗干净备用。

② 排骨用滚水汆烫过后，洗净备用。

③ 锅中注入清水，放入所有材料，滚

水后转小火煲3小时后，加少许盐
调味。

| 药 食 材 介 绍 |

赤小豆

核桃

花生

赤小豆	性平味甘酸;健脾利湿 消肿解毒
眉豆	味甘性平咸;健脾补肾 安神益气
花生	味甘性平;健脾和胃 利肾通乳
核桃	味甘性温;补肾乌发 益智温肺 润肠
排骨	性味甘咸平;补虚强身 益精补血

核桃花生猪骨汤

同种食材，不同做法，无限美味，尽有可能!

小 小 叮 咛

此汤加莲藕或其他瓜果同煲也可以喔!

核桃花生双豆汤 ◇ 13

【 汤 品 篇 】

瓜果雪耳芡实汤 ⟨14⟩

【 汤品篇 】

| 材 料

青木瓜	1颗	蜜枣	2颗
苹果	1颗	生姜	2片
雪耳	20克	排骨	300克
芡实	20克	水	3500毫升
薏仁	20克		

做 法

① 苹果皮洗净对切去核，用清水洗净备用。

② 青木瓜削皮洗净，对切去籽备用。

③ 雪耳用清水浸泡10分钟，重复换水三次，清水洗净沥干备用。

④ 芡实、薏仁、蜜枣洗净，清洗干净沥干备用。

⑤ 生姜洗净，切片备用。

⑥ 排骨用滚水汆烫过后，洗净备用。

⑦ 锅中注入清水，放入所有材料，滚水后转小火煲3小时后，加少许盐调味。

药食材介绍

雪耳

苹果	味微甘酸性平; 促肠胃蠕动 控制血压
木瓜	性温味酸; 舒筋活络 健脾消食 化湿和胃
雪耳	味甘淡性平; 滋阴润肺 养胃生津 补脑强心 增强免疫
芡实	味甘涩、性平; 补中益气 健脾止泻
薏仁	味甘淡性凉微寒; 健脾补肺 清热利湿
姜	性微温味辛; 温中散寒 活血祛风
蜜枣	味甘性平; 补益脾胃 缓和药性
排骨	性味甘咸平; 补虚强身 益精补血

蜜枣

芡实

小小叮咛

有出血症的人不宜食用雪耳。
便秘、消化不良不宜食用芡实。

适饮对象

肺热肺燥、高血压、便秘、术后虚弱、脾肾不佳、精气不足、脚气水肿、消化不好的人。

材 料

何首乌 ························· 20克
丹参 ··························· 20克
桂圆 ··························· 20克
红枣 ··························· 10颗
猪瘦肉 ······················· 300克
水 ···························· 3500毫升

做 法

① 首乌、丹参用清水洗净备用。

② 桂圆洗净用清水浸泡10分钟后，洗净沥干备用。

③ 红枣浸洗干净，去籽备用。

④ 猪肉用滚水余烫过后，洗净备用。

⑤ 锅中注入清水，放入所有材料，滚水后转小火煲3小时后，加少许盐调味。

何首乌

药 食 材 介 绍

何首乌	味甘苦涩性温；补肝益肾 养血祛风 乌发
丹参	味苦性微寒；强心护脑 活血通经
桂圆	味甘性温；益心脾 补气血 安神
红枣	味甘性温；健脾胃 养肝排毒 养血补气
猪肉	性味甘咸平；滋阴补虚 强身丰肌

红枣

桂圆

小 小 叮 咛

有出血的人慎用丹参。
首乌忌用铁器烹煮。

适 饮 对 象

心血管疾病、肝功能不佳、睡不安宁、月经不调、气血不足、神经衰弱、心神不宁的人。

首乌丹参桂圆汤

【 汤 品 篇 】

玫瑰红莲雪耳汤 ◇16◇

【 汤 品 篇 】

| 材 料 |

玫瑰·······················10克
红莲子·····················30克
百合·······················30克
桂圆·······················20克
红枣·······················10颗

雪耳·······················10克
鸡·························1只
水·······················3000毫升

做 法 🏷️

① 玫瑰、红莲、百合用洗净备用。

② 桂圆洗净用清水浸泡10分钟后，洗净沥干备用。

③ 红枣浸洗干净，去籽备用。

④ 雪耳用清水浸泡10分钟，重复换水三次，清水洗净沥干备用。

⑤ 鸡用滚水汆烫过后，去除内脏杂质及鸡皮，用清水洗净备用。

⑥ 锅中注入清水，放入所有材料，滚水后转小火煲3小时后，加少许盐调味。

药 食 材 介 绍 🍴

玫瑰	味甘气香性温；理气解郁 和血散淤
红枣	味甘性温；健脾胃 养肝排毒 养血补气
红莲子	味甘涩性平；养心益肾 补脾涩肠 除寒湿
百合	味甘性微寒；润肺止咳 清心安神
雪耳	味甘淡性平；滋阴润肺 养胃生津 补脑强心 增强免疫
桂圆	味甘性温；益心脾 补气血 安神
鸡肉	性味甘温；温中益气 补精添髓

玫瑰

红枣

红莲子

小 小 叮 咛

玫瑰活血消瘀，孕妇慎用；有出血症的人不宜食用雪耳。

适 饮 对 象

睡不安宁、水肿痰多、月经不调、便秘、养颜美容、精神紧张、高血压、术后虚弱、气血不足的人。

老黄瓜薏仁绿豆汤 ⟨17⟩

【 汤品篇 】

| 材 料 |

薏仁	20克	排骨	400克
绿豆	20克	水	3500毫升
老黄瓜	2条		
陈皮	1角		
蜜枣	2颗		

做 法

① 老黄瓜刷洗干净对切，去籽备用。

② 陈皮用清水浸泡，刮去皮内白瓤洗净沥干备用。

③ 薏仁、绿豆洗干净，浸泡备用。

④ 蜜枣洗净备用。

⑤ 排骨用滚水汆烫过后，洗净备用。

⑥ 锅中注入清水，放入所有材料，滚水后转小火煲3小时后，加少许盐调味。

药食材介绍

老黄瓜	味甘性凉；消暑清热 降燥利水 解毒
薏仁	味甘淡性凉微寒；健脾补肺 清热利湿
绿豆	味甘性寒；清热解毒 利水消肿
陈皮	味苦辛性温；理气调中 燥湿化痰
蜜枣	味甘性平；补益脾胃 缓和药性
排骨	性味甘咸平；补虚强身 益精补血

薏仁

陈皮

蜜枣

小小叮咛

此汤也是全家人的夏日消暑好汤。

适饮对象

暑热烦渴、脚气水肿、睡眠不足、熬夜火气大的人。

紫菜芹红汤  ◇18◇

【 汤 品 篇 】

| 材 料 |

紫菜·····························20克
芹菜·····························300克
红萝卜···························2条
排骨·····························500克
水·····························3500毫升

| 做 法 |

① 紫菜洗净至无沙备用。

② 芹菜洗净,切大块备用。

③ 红萝卜削皮备用。

④ 排骨用滚水氽烫过后,清水洗净备用。

⑤ 锅中注入清水,放入所有材料,滚水后转小火煲3小时后,加少许盐调味。

红萝卜

| 药 食 材 介 绍 |

芹菜	味甘微苦;调降血压 促进排便
紫菜	味甘性寒;改善贫血 强化骨骼牙齿
红萝卜	性微温;清热解毒 健胃消食
排骨	性味甘咸平;补虚强身 益精补血

喜欢的话打个蛋花也不错喔!

适饮对象

高血压、贫血缺钙、轻食减肥、便秘的人。

双冬木耳汤 ⟨19⟩

【 汤 品 篇 】

┃材　料┃

冬瓜·····600克	鸡·····半只
冬菇·····5朵	水·····3500毫升
白背木耳·····30克	
玉米·····1条	
姜·····2片	

做 法

① 将白背木耳用清水洗净浸泡，静待木耳发泡20分钟后，洗净备用。

② 冬瓜用洗菜的菜瓜布搓洗干净，冬菇用清水浸泡、挤干，重复数次备用。

③ 玉米用清水洗净，姜切片备用。

④ 鸡用滚水氽烫过后，去除内脏杂质及鸡皮，清水洗净备用。

⑤ 锅中注入清水，放入所有材料，滚水后转小火煲3小时后，加少许盐调味。

药 食 材 介 绍

冬瓜	性寒味甘; 清热生津 利尿消肿
冬菇	味甘性平凉; 降低胆固醇 增免疫强排毒
白背木耳	味甘性平; 清血脂 利心血管疾病
玉米	味甘性平; 健胃利尿 促进新陈代谢
姜	性微温味辛; 温中散寒 活血祛风
鸡肉	性味甘温; 温中益气 补精添髓

冬瓜

冬菇

白背木耳

适饮对象

高血压、心血管疾病、湿气水肿、新陈代谢不佳的人。

冬菇玉米须汤 20
【 汤 品 篇 】

▌材 料

水发冬菇·················75克	鸡肉块·················150克
去皮胡萝卜·············95克	水···················3500毫升
玉米·················115克	
玉米须·················30克	
姜片·················少许	

做 法

① 冬菇用清水浸泡、挤干,重复数次,去柄备用。

② 红萝卜削皮,切块备用。

③ 玉米切段、玉米须洗净备用。

④ 鸡块氽煮片刻,捞出沥水备用。

⑤ 砂锅中注入清水,放入所有材料,滚水后转小火煲2小时后,加少许盐调味。

药食材介绍

冬菇	味甘性平凉;降低胆固醇 增免疫强排毒
红萝卜	性微温;清热解毒 健胃消食
玉米	味甘性平;健胃利尿 促进新陈代谢
玉米须	味甘性平;利胆退黄 利尿退肿 调降三高
姜	性微温味辛;温中散寒 活血祛风
鸡肉	性味甘温;温中益气 补精添髓

冬菇

玉米须

姜

小 小 叮 咛

玉米须可以去中药行买喔!没有的话用新鲜的也可以。

冬菇玉米排骨汤

同种食材,不同做法,无限美味,尽有可能!

杂菜高纤汤 ◇21

【 汤 品 篇 】

| 材 料 |

番茄 ·························· 2 颗	姜 ···························· 2 片
绿花椰菜 ·················· 1 颗	排骨 ······················· 3 0 0 克
芹菜 ·························· 1 颗	水 ··························3000毫升
马蹄 ························15 颗	
红萝卜 ······················ 1 条	

做 法

① 芹菜、番茄、西芹、马蹄、绿花椰菜用清水洗净备用。

② 红萝卜削皮，清水洗净备用。

③ 姜洗净切片备用。

④ 排骨用滚水余烫过后，洗净备用。

⑤ 锅中注入清水，放入所有材料，滚水后转小火煲3小时后，加少许盐调味。

药 食 材 介 绍

马蹄

番茄	味甘酸性微寒; 稳定血压 增强免疫力 预防前列腺
绿花椰菜	味甘性平; 防癌解毒增免疫 预防心血管疾病
姜	性微温味辛; 温中散寒 活血祛风
芹菜	味甘微苦; 调降血压 促进排便
马蹄	性甘味寒; 入肺、胃三经; 清心泻火 利尿通便
红萝卜	性微温; 清热解毒 健胃消食
排骨	性味甘咸平; 补虚强身 益精补血

姜

红萝卜

小 小 叮 咛

洗肾的人避免食用绿花椰菜。

适 饮 对 象

三高、便秘、术后、养病、火旺的人皆适合。

材料

核桃·······················65克
水发红莲子···············65克
板栗仁·····················75克
莲藕·······················100克

陈皮·······················30克
红枣·······················40克
鸡肉块·····················180克
水·························3500毫升

做法

① 陈皮用清水浸泡，刮去皮内白瓤洗净沥干备用。

② 红枣浸洗干净，去籽备用。

③ 核桃、莲子、鲜栗子洗净备用。

④ 莲藕用菜瓜布把皮刷洗干净，切块备用。

⑤ 鸡块汆煮片刻后沥水备用。

⑥ 砂锅中注入清水，放入所有材料，滚水后转小火煲2小时后，加少许盐调味。

药食材介绍

莲藕	味甘性平；清热除烦 补心益血 健脾开胃
核桃	味甘性温；补肾乌发 益智温肺 润肠
陈皮	味苦辛性温；理气调中 燥湿化痰
红枣	味甘性温；健脾胃 养肝排毒 养血补气
栗子	味甜性温；养胃健脾 补肾强筋
红莲子	味甘涩性平；养心益肾 补脾涩肠 除寒湿
鸡肉	性味甘温；温中益气 补精添髓

莲藕

核桃

陈皮

莲藕核桃排骨汤

同种食材，不同做法，无限美味，尽有可能！

适饮对象

心肌不足、气血不足、便秘、肾气不足、代谢循环不佳的人。

莲藕核桃栗子汤

【 汤 品 篇 】

| 材 料 |

水发海带丝·····················70克	胡萝卜·····················90克
水发紫菜·····················70克	瘦 肉······················80克
苹果·····················100克	水·····················3500毫升

| 做 法 |

① 海带、紫菜用清水浸泡去杂质,洗净备用。

② 苹果皮洗净对切去核并切块,用清水洗净备用。

③ 红萝卜削皮并切块,备用。

④ 瘦肉块用滚水氽烫过后,清水洗净备用。

⑤ 砂锅中注入清水,放入所有材料,滚水后转小火煲1小时后,加少许盐调味。

| 药 食 材 介 绍 |

海带	味咸性寒;乌发 清血脂 强化骨骼
紫菜	味甘性寒;改善贫血 强化骨骼牙齿
苹果	味微甘酸性平;促肠胃蠕动 控制血压
红萝卜	性微温;清热解毒 健胃消食
猪肉	性味甘咸平;滋阴补虚 强身丰肌

苹果

红萝卜

海带紫菜瓜片汤

同种食材,不同做法,无限美味,尽有可能!

小 小 叮 咛

孕妇不宜多吃海带。

海带紫菜红果汤〈23〉

【 汤 品 篇 】

牛蒡双雪汤 ◇24

【 汤 品 篇 】

材 料

去皮牛蒡·····················85克	排骨块·····················200克
梨子·····················115克	水·····················3500毫升
水发银耳·····················75克	
去皮胡萝卜·····················75克	

做 法

① 雪梨皮洗净去核切块，用清水洗净备用。

② 牛蒡、红萝卜削皮，清水洗净备用。牛蒡切厚片。

③ 排骨用滚水氽烫过后，洗净备用。

④ 锅中注入清水，放入所有材料，滚水后转小火煲3小时后，加少许盐调味。

药 食 材 介 绍

牛蒡	味苦性寒;降血糖血脂 促进排便
雪梨	味甘性寒;生津润燥 清热化痰
雪耳	味甘淡性平;滋阴润肺 养胃生津 补脑强心 增强免疫
红萝卜	性微温;清热解毒 健胃消食
排骨	性味甘咸平;补虚强身 益精补血

红萝卜

牛蒡

雪耳

小 小 叮 咛

有出血症的人，不宜食用雪耳。

牛筋牛蒡汤

同种食材，不同做法，无限美味，尽有可能!

做 法

① 苦瓜切段去籽，用清水洗净备用。

② 冬瓜用洗菜用菜瓜布搓洗干净，切大块备用。

③ 排骨用滚水汆烫过后，洗净备用。

④ 砂锅中注入清水，放入所有材料，滚水后转小火煮90分钟后，加少许盐调味。

药 食 材 介 绍

冬瓜	性寒味甘; 清热生津 利尿消肿
苦瓜	味苦性寒; 清热消暑 滋肝明目
黄豆	味甘性平; 润燥健脾 清热利水 解毒通便
排骨	性味甘咸平; 补虚强身 益精补血
姜	性微温味辛; 温中散寒 活血祛风

冬瓜

黄豆

姜

苦瓜黄豆鸡脚汤

同种食材，不同做法，无限美味，尽有可能！

小 小 叮 咛

体质凉、胃寒的人不宜多饮。

双瓜黄豆汤 ◇25◇

【 汤 品 篇 】

| 材 料 |

苦瓜······100克	排骨块······150克
冬瓜······125克	水······3500毫升
水发黄豆······90克	
姜片······少许	

青花果雪耳汤 ◇26◇

【 汤 品 篇 】

| 材 料

青木瓜·······1颗	陈皮·······1角
花生·······30克	鸡·······1只
雪耳·······20克	水·······3500毫升
无花果·······10颗	
蜜枣·······2颗	

做 法

① 青木瓜削皮去籽，洗净备用。

② 陈皮用清水浸泡，刮去皮内白瓤洗净沥干备用。

③ 雪耳用清水浸泡10分钟，重复换水三次，清水洗净沥干备用。

④ 花生、无花果用清水浸泡10分钟，洗净沥干备用。

⑤ 蜜枣用清水洗净备用。

⑥ 鸡用滚水余烫过后，去除内脏杂质及剥去鸡皮，清水洗净备用。

⑦ 锅中注入清水，放入所有材料，滚水后转小火煲3小时后，加少许盐调味。

药食材介绍

木瓜	性温味酸；舒筋活络 健脾消食 化湿和胃
花生	味甘性平；健脾和胃 利肾通乳
雪耳	味甘淡性平；滋阴润肺 养胃生津 补脑强心 增强免疫
无花果	味甘性平；健脾滋养 润肠通便
陈皮	味苦辛性温；理气调中 燥湿化痰
蜜枣	味甘性平；补益脾胃 缓和药性
鸡肉	性味甘温；温中益气 补精添髓

花生

陈皮

无花果

小小叮咛

有出血症的人不宜食用雪耳。

适饮对象

肺热肺燥、高血压、便秘、术后虚弱、脾胃不佳、便秘的人。

做 法

① 核桃、鲜栗子、百合、芡实、淮山用清水浸泡10分钟，洗净沥干备用。

② 冬菇用清水浸泡、挤干，重复数次备用。

③ 鸡用滚水氽烫过后，去除内脏杂质及剥去鸡皮，清水洗净备用。

④ 锅中注入清水，放入所有材料，滚水后转小火煲3小时后，加少许盐调味。

药食材介绍

核桃	味甘性温；补肾乌发 益智温肺 润肠
栗子	味甜性温；养胃健脾 补肾强筋
芡实	味甘涩性平；补中益气 健脾止泻
百合	味甘性微寒；润肺止咳 清心安神
淮山	味甘性平；健脾和胃 益气补肺 固肾涩精
冬菇	味甘性平凉；降低胆固醇 增免疫强排毒
鸡肉	性味甘温；温中益气 补精添髓

淮山

百合

核桃

小小叮咛

淮山，燥热、感冒发烧禁用。

百合，脾胃虚寒的人忌用。

芡实，便秘、消化不良不宜。

适饮对象

消化肠胃不良、支气管不佳、三高便秘、用脑疲劳、脚气浮肿、肾气不足的人。

核桃栗子冬菇汤 ◇27◇

【 汤 品 篇 】

| 材 料 |

核桃··················40克	淮山··················40克
栗子··················40克	鸡····················1只
冬菇··················10朵	水···················3500毫升
百合··················20克	
芡实··················20克	

白芷薏仁冬瓜汤 ◇28◇

【 汤 品 篇 】

| 材 料 |

冬瓜	600克	红枣	10颗
雪耳	20克	排骨	300克
胡萝卜	1条	水	3000毫升
薏仁	20克		
白芷	20克		

做 法

① 冬瓜用洗菜用菜瓜布搓洗干净，连皮带籽切大块备用。

② 红枣浸洗干净，去籽备用。

③ 雪耳用清水浸泡10分钟，重复换水三次，清水洗净沥干备用。

④ 薏仁、白芷洗净沥干备用。

⑤ 红萝卜削皮洗净备用。

⑥ 排骨用滚水氽烫过后，洗净备用。

⑦ 锅中注入清水，放入所有材料，滚水后转小火煲3小时后，加少许盐调味。

药食材介绍

冬瓜	性寒味甘;清热生津 利尿消肿
白芷	味辛性温;祛风燥湿 消肿排脓 止痛通鼻
雪耳	味甘淡性平;滋阴润肺 养胃生津 补脑强心 增强免疫
红枣	味甘性温;健脾胃 养肝排毒 养血补气
薏仁	味甘淡性凉微寒;健脾补肺 清热利湿
红萝卜	性微温;清热解毒 健胃消食
排骨	性味甘咸平;补虚强身 益精补血

白芷

雪耳

红枣

小小叮咛

有出血症的人不宜食用雪耳。
初孕、体质寒的人慎用薏仁。

适饮对象

头痛鼻塞、寒湿腹痛、便秘、术后养体、心肌不足、气血不足、脚气水肿的人。

材 料

西洋参·····················20克
太子参·····················20克
冬菇·······················10朵
无花果····················10颗

猪肉······················600克
水·····················3500毫升

做 法

① 西洋参、太子参用清水洗净备用。

② 冬菇用清水浸泡、挤干,重复数次
备用。

③ 无花果用清水洗净,浸泡10分钟
后,洗净沥干备用。

④ 猪肉用滚水汆烫后,洗净备用。

⑤ 锅中注入清水,放入所有材料,滚
水后转小火煲3小时后,加少许盐
调味。

药 食 材 介 绍

西洋参	味甘苦性微寒; 益肺阴 清虚火 生津止渴
太子参	味甘微苦性平; 补脾肺 益气生津 养血
无花果	味甘性平; 健脾滋养 润肠通便
冬菇	味甘性平凉; 降低胆固醇 增免疫强排毒
猪肉	性味甘咸平; 滋阴补虚 强身丰肌

西洋参

无花果

冬菇

小 小 叮 咛

太子参不宜跟萝卜及茶一起服用。

适 饮 对 象

脾胃虚弱、气血不足、疲乏无力、食
欲不振、脾胃不佳、便秘的人。

 29

太子旗参花果汤

【 汤品篇 】

黄精山楂排骨汤 ◇30◇

【 汤 品 篇 】

| 材 料 |

黄精 ……………………… 30克
山楂 ……………………… 30克
生姜 ……………………… 3片
排骨 ……………………… 600克
水 ……………………… 3500毫升

山楂

姜

| 做 法 |

① 黄精、山楂，用清水洗净备用。

② 生姜洗净，切片备用。

③ 排骨用滚水余烫过后，清水洗净备用。

④ 锅中注入清水，放入所有材料，滚水后转小火煲3
小时后，加少许盐调味。

| 药 食 材 介 绍 |

山楂	味酸甘性微温；消食积 散瘀血
黄精	味甘性平；补中益气 润心肺 强筋骨
姜	性微温味辛；温中散寒 活血祛风
排骨	性味甘咸平；补虚强身 益精补血

小 小 叮 咛

山楂，脾胃虚弱、便稀、空腹慎用。

适 饮 对 象

高血压、高血脂、经痛、消化不良、冠心病、病后体
虚、脾胃不开、消脂的人。

31

丝瓜虾皮瘦肉汤

【 汤 品 篇 】

材 料

去皮丝瓜·····················180克　　姜片·····················少许
虾皮·······················25克　　瘦肉·····················200克
蛋液·······················30毫升　　水·····················1500毫升

做 法

① 丝瓜削皮洗净,切大块备用。

② 虾皮用清水重复洗净备用,瘦肉洗净切丝,加盐、胡椒粉、料酒、水淀粉拌匀,腌渍10分钟备用。

③ 滚水中放入丝瓜、虾皮、姜片、瘦肉丝拌匀,加盐、鸡粉,倒入蛋液呈蛋花状,关火后淋入芝麻油即可。

药 食 材 介 绍

丝瓜	味甘性凉; 解毒化痰 清热凉血
姜	性微温味辛; 温中散寒 活血祛风
虾皮	补钙 降低胆固醇 稳定血压
鸡蛋	延缓衰老 健脑益智 保护肝脏
姜	性微温味辛; 温中散寒 活血祛风

姜

适 饮 对 象

病后养体、三高人士、骨质疏松、筋骨不络、减肥的人。

三瓜窈窕汤 ◇32◇

【 汤 品 篇 】

| 材 料 |

青木瓜	1颗	百合	20克
佛手瓜	1颗	蜜枣	2颗
葫芦瓜	1颗	排骨	250克
玉米须	20克	水	3500毫升
干贝	3颗		

做 法

① 干贝用清水冲洗干净，用清水浸泡连水备用。

② 佛手瓜用洗菜用菜瓜布将皮刷洗干净，对切去核备用。

③ 青木瓜削皮对切，去籽洗净备。

④ 葫芦瓜削皮洗净，切大块备用。

⑤ 玉米须、蜜枣清洗干净备用。

⑥ 百合用清水洗净，浸泡10分钟后，洗净沥干备用。

⑦ 排骨用滚水氽烫过后，洗净备用。

⑧ 锅中注入清水，放入所有材料，滚水后转小火煲3小时后，加少许盐调味。

药 食 材 介 绍

干贝	味甘性平; 滋阴补肾 和胃消食
玉米须	味甘淡平; 利尿退肿 降三高
百合	味甘性微寒; 润肺止咳 清心安神
木瓜	性温味酸; 舒筋活络 健脾消食 化湿和胃
佛手瓜	味甘性凉; 清热利湿 通淋除烦渴
葫芦瓜	性寒味甘; 清热利尿 除烦散结
排骨	性味甘咸平; 补虚强身 益精补血
蜜枣	味甘性平; 补益脾胃 缓和药性

百合

干贝

玉米须

小 小 叮 咛

百合，脾胃虚寒的人忌用。

适 饮 对 象

睡不安宁、脚气浮肿、烦燥热湿、容易水肿、两便不通、糖尿病、三高人士。

做法 🔖

① 干贝用清水冲洗干净，用清水浸泡连水备用。

② 莲藕用菜瓜布把皮刷洗干净，用刀背拍裂备用。

③ 黑豆洗净沥干，热锅不放油放入黑豆小火慢炒至衣裂，盛起备用。

④ 葛根、麦冬用清水洗净，浸泡10分钟后，洗净沥干备用。

⑤ 生姜洗净，切片备用。

⑥ 鸡用滚水氽烫过后，去除内脏杂质及剥去鸡皮，清水洗净备用。

⑦ 锅中注入清水，放入所有材料，滚水后转小火煲3小时后，加少许盐调味。

药食材介绍 🍴

莲藕	味甘性平；清热除烦 补心益血 健脾开胃
葛根	性凉味甘辛；解表退热 生津止泻 降血糖
麦冬	甘微苦微寒；养阴润肺 益胃生津 清心除烦
干贝	性甘味平；滋阴补肾 和胃消食
黑豆	性平味甘；补脾利水 解毒
姜	性微温味辛；温中散寒 活血祛风
鸡肉	性味甘温；温中益气 补精添髓

黑豆

葛根

干贝

小小叮咛

此汤四肢循环不佳的人可以常喝。

适饮对象

高血糖血脂、养颜美容、心血管疾病、焦虑烦躁、气血循环不佳、新陈代谢不佳的人。

莲藕葛根黑豆汤 ◇33◇

【 汤品篇 】

材 料

莲藕············500克	姜 ·············· 2 片
葛 根············ 30克	鸡 ·············· 1 只
麦 冬············ 20克	水············3500毫升
黑 豆············ 20克	
干 贝············ 3 颗	

洋参莲百红枣汤 ◇34◇

【 汤品篇 】

| 材 料 |

西洋参·····················30克
红莲子·····················40克
芡实·······················20克
百合·······················20克
淮山·······················30克

红枣·······················10颗
鸡·························· 半只
水·······················3500毫升

做 法

① 西洋参用清水洗净备用。

② 红枣浸洗干净，去籽备用。

③ 红莲子、芡实、百合、淮山用清水洗净，浸泡10分钟之后，洗净沥干备用。

④ 鸡用滚水氽烫过后，去除内脏杂质及剥去鸡皮，清水洗净备用。

⑤ 锅中注入清水，放入所有材料，滚水后转小火煲3小时后，加少许盐调味。

药食材介绍

西洋参	味甘苦性微寒；益肺阴 清虚火 生津止渴
百合	味甘性微寒；润肺止咳 清心安神
淮山	味甘性平；健脾和胃 益气补肺 固肾涩精
芡实	味甘涩性平；补中益气 健脾止泻
红枣	味甘性温；健脾胃 养肝排毒 养血补气
红莲子	味甘涩性平；养心益肾 补脾涩肠 除寒湿
鸡肉	性味甘温；温中益气 补精添髓

百合

淮山

芡实

小小叮咛

燥热、感冒发烧，禁用淮山。
脾胃虚寒的人，忌用百合。
西洋参不可以用铁器烹煮。
便秘、消化不良，不宜食用芡实。

适饮对象

消化肠胃不佳、支气管不佳、脾肾不佳、高血脂、免疫力低下、睡不安宁、脚气浮肿、虚热烦倦、精气不足、心肌不足、气血不足的人。

材料

番茄·····················65克
洋葱·····················75克
芹菜·····················45克
姜片·····················少许

猪瘦肉·····················95克
水·····················3500毫升

做法

① 番茄、芹菜、大葱用清水洗净之后备用。

② 洋葱去皮，切块备用。

③ 番茄洗净，切块备用。

④ 猪肉用滚水氽烫过后，用清水洗净备用。

⑤ 砂锅中注入清水，放入所有材料，滚水后转小火煲1小时后，加少许盐调味。

药食材介绍

番茄	味甘酸性微寒;稳定血压 增强免疫力 预防前列腺
洋葱	味甘辛性平;预防感冒 增强心血管疾病
芹菜	味甘微苦;调降血压 促进排便
葱	味辛性温;利尿去痰 发汗散寒 驱虫
姜	性微温味辛;温中散寒 活血祛风
猪肉	性味甘咸平;滋阴补虚 强身丰肌

姜

小小叮咛

想瘦身的人可以常喝此汤，亦可加入豆腐、海带芽、白菜等等，有天然的鲜味，最佳的无负担营养、饱足。

适饮对象

病后复原、美容养颜、新陈代谢不佳、两便不畅、想瘦身的人。

35

番茄洋芹汤

【 汤 品 篇 】

田七黄芪红枣汤 ⬦36

【 汤 品 篇 】

| 材 料 |

田七·····10克		生姜·····2片
黄芪·····30克		猪肉·····600克
红枣·····10颗		水·····3500毫升

做 法

① 田七、黄芪，用清水洗净备用。

② 红枣浸洗干净，去籽备用。

③ 生姜用清水洗净，切片备用。

④ 猪肉用滚水氽烫过后，洗净备用。

⑤ 锅中注入清水，放入所有材料，滚水后转小火煲3小时后，加少许盐调味。

药 食 材 介 绍

田七	味甘苦性温；活血散瘀 消肿定痛
黄芪	味甘性温；补中益气 利水消肿
红枣	味甘性温；健脾胃 养肝排毒 养血补气
姜	性微温味辛；温中散寒 活血祛风
猪肉	性味甘咸平；滋阴补虚 强身丰肌

田七

黄芪

红枣

小 小 叮 咛

孕妇忌用田七。

适 饮 对 象

高血压、高血脂、心血管不畅、气血循环不佳、心肌不足、气血不足、新陈代谢不佳的人。

做 法

① 核桃、花生，用清水洗净备用。

② 南枣浸洗干净，去籽备用。

③ 冬菇用清水浸泡、挤干，重复数次备用。

④ 排骨用滚水氽烫过后，洗净备用。

⑤ 锅中注入清水，放入所有材料，滚水后转小火煲3小时后，加少许盐调味。

药食材介绍

核桃

核桃	味甘性温; 补肾乌发 益智温肺 润肠
花生	味甘性平; 健脾和胃 利肾通乳
冬菇	味甘性平凉; 降低胆固醇 增免疫强排毒
南枣	味甘性温; 补脾和胃 益气生津 养血安神
排骨	性味甘咸平; 补虚强身 益精补血

冬菇

南枣

小小叮咛

工作疲劳、用脑伤神的人可以常喝。

适饮对象

肾气不足、用脑伤神、免疫力需要提升、便秘的人。

核桃南枣冬菇汤 ◇37◇

【 汤 品 篇 】

| 材 料 |

核桃·····················30克
花生·····················30克
南枣·····················10颗

冬菇·····················10朵
排骨····················300克
水···················3500毫升

木瓜雪蛤汤

【汤品篇】

材 料

青木瓜	1颗	红枣	10克
木瓜	1颗	水	适量
雪蛤	40克	冰糖	适量
雪耳	20克		

做 法

① 青木瓜削皮对切, 木瓜削皮对切, 去籽洗净。

② 雪耳用清水浸泡10分钟, 重复换水三次, 清水洗净沥干备用。

③ 雪蛤洗净用温水浸泡, 每1小时沥去杂质换水一次, 3小时后洗净备用。

④ 红枣浸洗干净, 去籽备用。

⑤ 炖盅内放入所有材料注入清水, 封膜上盖, 隔水炖3小时即可。

药食材介绍

木瓜	性温味酸; 舒筋活络 健脾消食 化湿和胃
雪蛤	味甘咸性平; 补肾益精 养阴润肺 美容养颜
雪耳	味甘淡性平; 滋阴润肺 养胃生津 补脑强心 增强免疫
红枣	味甘性温; 健脾胃 养肝排毒 养血补气

雪蛤

雪耳

红枣

小 小 叮 咛

有出血症的人, 不宜食用雪耳。
小孩不宜经常服用雪蛤。

适 饮 对 象

肺热肺燥、高血压、便秘、术后虚弱、心肌不足、气血神疲、心悸失眠、养颜美容的人。

| 材 料 |

茯苓

土 茯 苓 ·························· 2 0 克
茯 苓 ···························· 2 0 克
五 指 毛 桃 ···················· 4 0 克
蜜 枣 ····························· 3 颗
猪 肉 ··························· 6 0 0 克
水································3500毫升

五指毛桃

| 做 法 |

① 所有材料用清水洗净备用。

② 猪肉用滚水汆烫过后,清水洗净备用。

③ 锅中注入清水,放入所有材料,滚水后转小火煲3
小时后,加少许盐调味。

蜜枣

| 药 食 材 介 绍 |

土茯苓	味甘淡性平;利湿热解毒 健脾胃。
茯苓	性平味甘;健脾益气 利水化湿 能补能泻
五指毛桃	性平味甘辛;固肾利湿 行气舒筋
蜜枣	味甘性平;有补益脾胃 缓和药性
猪肉	性味甘咸平;滋阴补虚 强身丰肌

适 饮 对 象

肾气不足、水气浮肿、筋骨不络、脾胃不佳、新陈代
谢不好的人。

双苓毛桃蜜枣汤 ◇39◇

什果海底椰润泽汤 ◇40

【 汤 品 篇 】

| 材 料 |

青木瓜·····1颗	猪瘦肉·····300克
海底椰·····30克	水·····3000毫升
苹果·····2颗	
雪梨·····1颗	
无花果·····10颗	

做 法

① 青木瓜削皮对切去籽洗净备用。

② 苹果、雪梨皮洗净对切去核,用清水洗净备用。

③ 海底椰清水洗净备用。

④ 无花果用清水洗净,浸泡10分钟后,洗净沥干备用。

⑤ 猪肉用滚水汆烫过后,洗净备用。

⑥ 锅中注入清水,放入所有材料,滚水后转小火煲3小时后,加少许盐调味。

药 食 材 介 绍

木瓜	性温味酸;舒筋活络 健脾消食 化湿和胃
海底椰	性味甘凉;除燥清热 润肺止咳。
苹果	味微甘酸性平;促肠胃蠕动 控制血压
雪梨	味甘性寒;生津润燥 清热化痰
无花果	味甘性平;健脾滋养 润肠通便
猪肉	性味甘咸平;滋阴补虚 强身丰肌

海底椰

无花果

雪梨

适 饮 对 象

脾胃不佳、支气管不佳、燥湿便秘、皮肤瘙痒、美容养颜的人。

做法

① 陈皮用清水浸泡，刮去皮内白瓤洗净沥干备用。

② 苦瓜对切去籽，洗净备用。

③ 赤小豆、栗子、薏仁、蜜枣用清水洗净备用。

④ 排骨用滚水汆烫过后，洗净备用。

⑤ 锅中注入清水，放入所有材料，滚水后转小火煲3小时后，加少许盐调味。

药食材介绍

苦瓜	味苦性寒；清热消暑 滋肝明目
栗子	味甜性温；养胃健脾 补肾强筋
赤小豆	性平味甘酸；健脾利湿 消肿解毒
陈皮	味苦辛性温；理气调中 燥湿化痰
薏仁	味甘淡性凉微寒；健脾补肺 清热利湿
排骨	性味甘咸平；补虚强身 益精补血
蜜枣	味甘性平；补益脾胃 缓和药性

赤小豆

陈皮

蜜枣

小小叮咛

此汤不适合比较虚冷的人喝喔~

适饮对象

脚气水肿、旺火烦躁、休息不足易水肿的人。

苦瓜赤豆栗子汤 ◇41

【 汤 品 篇 】

材 料

苦 瓜 ·························· 1 条	陈 皮 ·························· 1 角
栗 子 ·························· 40 克	排 骨 ·························· 300 克
赤 小 豆 ·························· 40 克	水 ·························· 3000 毫升
薏 仁 ·························· 20 克	
蜜 枣 ·························· 3 颗	

附子淮党芡实汤 42

【汤品篇】

| 材 料 |

附子	20克	蜜枣	2颗
淮山	40克	黑枣	5颗
党参	20克	生姜	2片
芡实	20克	鸡	半只
陈皮	1角	水	3000毫升

做 法

① 附子、淮山、党参、芡实、蜜枣用清水洗净，浸泡10分钟后，洗净沥干备用。

② 陈皮用清水浸泡，刮去皮内白瓤洗净沥干备用。

③ 黑枣浸洗干净，去籽备用。

④ 生姜清水洗净，切片备用。

⑤ 鸡用滚水余烫过后，去除内脏杂质及剥去鸡皮，清水洗净备用。

⑥ 锅中注入清水，放入所有材料，滚水后转小火煲3小时后，加少许盐调味。

药食材介绍

附子	性味辛甘热；温脾补肾 逐寒祛湿
淮山	味甘性平；健脾和胃 益气补肺 固肾涩精
芡实	味甘涩性平；补中益气 健脾止泻
党参	味甘性半；补中益气 生津养血
陈皮	味苦辛性温；理气调中 燥湿化痰
黑枣	味甘性温；补脾和胃 益气 养血安神
蜜枣	味甘性平；补益脾胃 缓和药性
姜	性微温味辛；温中散寒 活血祛风
鸡肉	性味甘温；温中益气 补精添髓

淮山

芡实

党参

小小叮咛

燥热、感冒发烧禁用淮山。
便秘、消化不良者不宜食用芡实。

适饮对象

消化肠胃不佳、支气管不佳、脾肾虚弱、精气不足、体倦无力、新陈代谢差的人。

做 法

① 荷叶、绿豆、扁豆洗干净备用。

② 陈皮用清水浸泡，刮去皮内白瓤洗净沥干备用。

③ 瘦肉用滚水氽烫过后，洗净备用。

④ 砂锅中注入清水，放入所有材料，滚水后转小火煲1小时后，加少许盐调味。

药 食 材 介 绍

荷叶	味苦性平；清暑利湿 升发清阳 止血
绿豆	味甘性寒；清热解毒 利水消肿
扁豆	性平味甘；健脾和中 消暑化湿
猪肉	性味甘咸平；滋阴补虚 强身丰肌
陈皮	味苦辛性温；理气调中 燥湿化痰

扁豆

绿豆

陈皮

小 小 叮 咛

身体属寒的人不宜多饮，或是可以加姜同煮。

适 饮 对 象

水气浮肿、高血脂、脂肪肝、暑热烦渴、熬夜火旺、睡眠不足的人。

荷叶扁豆绿豆汤 ◇43◇

【 汤品篇 】

| 材 料 |

荷叶	15克	陈皮	30克
水发绿豆	90克	瘦肉	100克
水发扁豆	90克	水	3500毫升

南瓜番茄薏仁汤

【 汤品篇 】

材料

南瓜	1颗	薏仁	20克
番茄	2颗	红萝卜	2条
玉米	1条	排骨	300克
		水	3000毫升

做法

① 南瓜用菜瓜布姜皮刷洗干净，连皮带籽切大块备用。

② 番茄、玉米、薏仁用清洗净备用。

③ 红萝卜削皮洗净备用。

④ 排骨用滚水汆烫过后，洗净备用。

⑤ 锅中注入清水，放入所有材料，滚水后转小火煲3小时后，加少许盐调味。

药食材介绍

番茄	味甘酸性微寒; 稳定血压 增强免疫力 预防前列腺
南瓜	味甘性温; 补中益气 促进肠胃蠕动
薏仁	味甘淡性凉微寒; 健脾补肺 清热利湿
红萝卜	性微温; 清热解毒 健胃消食
玉米	味甘性平; 健胃利尿 促进新陈代谢
排骨	性味甘咸平; 补虚强身 益精补血

南瓜

薏仁

小小叮咛

这是天然的丰富维生素汤，任何人都可以多喝，体寒的人可以拿掉薏仁。

南瓜番茄排毒汤

同种食材，不同做法，无限美味，尽有可能!

113

做 法

① 响螺用清水洗净,用姜葱酒盖上锅盖同煮10分钟,静置2小时备用。

② 葫芦瓜削皮洗净,切大块备用。

③ 眉豆、玉米须、蜜枣洗净备用。

④ 生姜洗净,切片备用。

⑤ 鸡用滚水氽烫过后,去除内脏杂质及剥去鸡皮,清水洗净备用。

⑥ 锅中注入清水,放入所有材料,滚水后转小火煲3小时后,加少许盐调味。

药 食 材 介 绍

响螺	味甘咸性寒;明目利水 滋阴养颜
葫芦瓜	性寒味甘;清热利尿 除烦散结
眉豆	味甘性平咸;健脾补肾 安神益气
玉米须	味甘淡平;利胆退黄 利尿退肿 调降三高
蜜枣	味甘性平;补益脾胃 缓和药性
鸡肉	性味甘温;温中益气 补精添髓
姜	性微温味辛;温中散寒 活血祛风

葫芦瓜

眉豆

响螺

适 饮 对 象

糖尿病、脾胃虚弱、燥湿水肿、养颜美容、运动少、发烧感冒、皮肤瘙痒的人。

响螺眉豆玉米须汤 ◇45◇

【 汤 品 篇 】

| 材 料 |

响螺·····················40克
葫芦瓜·····················1颗
眉豆·····················40克
玉米须·····················20克
蜜枣·····················2颗

生姜·····················2片
鸡·····················半只
水·····················3000毫升

洋参沙参黄芪汤 ◇46◇

【 汤 品 篇 】

材料

西洋参 ·························· 20克
黄芪 ···························· 40克
沙参 ·························· 20克
蜜枣 ·························· 3颗
猪肉 ·························· 600克
水 ························· 3500毫升

沙参

做法

① 所有材料用清水洗净备用。

② 猪肉用滚水汆烫过后，清水洗净备用。

③ 锅中注入清水，放入所有材料，滚水后转小火煲3
小时后，加少许盐调味。

黄芪

药食材介绍

西洋参	味甘苦性微寒；益肺阴 清虚火 生津止渴
沙参	味甘苦性微寒；滋阴清肺 养胃利咽喉
黄芪	味甘性温；补中益气 利水消肿
蜜枣	味甘性平；补益脾胃 缓和药性
猪肉	性味甘咸平；滋阴补虚 强身丰肌

小小叮咛

西洋参不可以用铁器烹煮。

适饮对象

肺热烦倦、精神不振、精气不足、睡不安眠、熬夜用
神、新陈代谢差的人。

材料

栗子 ······················ 50克	生姜 ······················ 2片
党参 ······················ 30克	乌鸡 ······················ 1只
红枣 ······················ 10颗	水 ····················· 3000毫升
陈皮 ······················ 1角	

做法

① 党参、栗子用清水清洗干净备用。

② 陈皮用清水浸泡,刮去皮内白瓤洗净沥干备用。

③ 红枣浸洗干净,去籽备用。

④ 乌鸡用滚水氽烫过后,去除内脏杂质,清水洗净备用。

⑤ 锅中注入清水,放入所有材料,滚水后转小火煲3小时后,加少许盐调味。

药食材介绍

栗子	味甜性温;养胃健脾 补肾强筋
陈皮	味苦辛性温;理气调中 燥湿化痰
党参	味甘性平;补中益气 生津养血
红枣	味甘性温;健脾胃 养肝排毒 养血补气
姜	性微温味辛;温中散寒 活血祛风
乌鸡	性平味甘;滋阴清热 益肝肾 补气健脾

党参

陈皮

红枣

适饮对象

心肌不足、气血不足、脾胃虚弱、体倦无力、熬夜伤神、新陈代谢不佳的人。

党参栗子红枣汤

【 汤 品 篇 】

芦笋萝卜冬菇汤

【汤品篇】

材料

白萝卜 ······················ 1 条
芦笋 ······················ 300 克
红萝卜 ······················ 2 条

红枣 ······················ 10 颗
冬菇 ······················ 5 朵
排骨 ······················ 300 克
水 ······················ 300 毫升

做法

❶ 红白萝卜削皮，洗净备用。

❷ 芦笋清水洗净备用。

❸ 红枣浸洗干净，去籽备用。

❹ 冬菇用清水浸泡、挤干，重复数次备用。

❺ 排骨用滚水汆烫过后，洗净备用。

❻ 锅中注入清水，放入所有材料，滚水后转小火煲 3 小时后，加少许盐调味。

药食材介绍

白萝卜	味甘辛性微凉; 预防感冒 加强消化机能
芦笋	味甘性寒; 丰富叶酸 解疲 促进新陈代谢
红枣	味甘性温; 健脾胃 养肝排毒 养血补气
冬菇	味甘性平凉; 降低胆固醇 增免疫强排毒
红萝卜	性微温; 清热解毒 健胃消食
排骨	性味甘咸平; 补虚强身 益精补血

冬菇

红枣

小小叮咛

痛风病人不宜多吃芦笋。
吃中药不可吃白萝卜。

适饮对象

心肌不足、气血不足、消化机能不佳、新陈代谢不佳的人。

做 法

❶ 太子参、淮山、南杏、莲子用清水洗净备用。

❷ 红枣浸洗干净,去籽备用。

❸ 姜洗净,切片备用。

❹ 鸡用滚水汆汤过后,去除内脏杂质及剥去鸡皮,清水洗净备用。

❺ 锅中注入清水,放入所有材料,滚水后转小火煲3小时后,加少许盐调味。

药 食 材 介 绍

太子参	味甘微苦性平;补脾肺 益气生津 养血
淮山	味甘性平;健脾和胃 益气补肺 固肾涩精
红莲子	味甘涩性平;养心益肾 补脾涩肠 除寒湿
南杏	味微甜;润肺止咳 润燥养肌 开胃润肠
红枣	味甘性温;健脾胃 养肝排毒 养血补气
姜	性微温味辛;温中散寒 活血祛风

红莲子

太子参

南杏

小 小 叮 咛

燥热、感冒发烧者,禁用淮山。

太子参不宜跟萝卜及茶一起服用。

适 饮 对 象

消化肠胃不佳、脾胃虚弱、气血不足、疲振乏力、心肌不足、湿寒虚损的人。

太子参淮杏莲子汤 49

【 汤品篇 】

| 材 料 |

太子参·····················30克　　　姜 ·······················2 片

淮山·······················40克　　　鸡 ·······················1 只

南杏·······················20克　　　水·······················3500毫升

红莲子·····················30克

红枣·······················10颗

50

芥菜胡椒猪肚汤

【 汤 品 篇 】

材料

芥菜·····················100克
熟猪肚··················125克
胡椒粉···················适量

红枣······················30克
姜片·······················少许
水····················2500毫升

做法

❶ 芥菜用清水洗净备用。

❷ 红枣浸洗干净，去籽备用。

❸ 猪肚切粗条。

❹ 砂锅中注入清水，放入所有材料，滚水后转小火煲3小时后，加少许盐调味。

药食材介绍

胡椒

红枣

姜

芥菜	味辛性温；促进血液循环 肠胃蠕动
红枣	味甘性温；健脾胃 养肝排毒 养血补气
胡椒	味辛性热；温暖肠胃 散寒理气
姜	性微温味辛；温中散寒 活血祛风
猪肚	味甘性微温；改善消化机能 厚肠胃

适饮对象

心肌不足、气血循环不佳、肠胃寒滞、新陈代谢不佳的人。

芥菜胡椒淡菜汤

同种食材，不同做法，无限美味，尽有可能！

| 材料 |

云南普洱 （甘露熟茶、藏寿生茶）

云南普洱茶的原料是云南大叶种茶。作为世界茶树的发源地，云南大叶种茶是世界上最原始的茶树品种，起减肥作用的茶多酚、儿茶素、咖啡碱的含量要远远高于其他中小叶种茶树。而普洱茶发酵过程中产生的有益菌群，主要是黑曲霉、酵母菌属一类的，能够帮助消化，促进代谢以达减肥的效果。

普洱茶防癌保健功能已经被医学界证实，普洱茶具有减肥、降脂、降胆固醇与防癌等功能；普洱茶去脂消食、减肥瘦身的药理特性吸引了无数爱美塑身族；中年发福者更是离不开普洱茶。热饮肠胃舒适，好的普洱温和不伤胃，还有养胃的功效，而对便秘、尿频的疗效最佳。普洱茶补气固精，对于男性阳痿、前列腺炎也有很好的效果。普洱茶越陈，补气壮阳效果越好。而其拥有极佳的生理调节功用——助消化、提神醒脑、降血脂、减肥、利尿、消肿、抗菌消炎、抗动脉硬化、降血压、防高血压、防治冠心病、安神、镇静、除异味、消口臭、调节体液的酸碱平衡、外用于消炎、抗菌等，也一再地被证实。

| 做法 |

熟茶 （熟茶用煮的可煮出它丰富的多糖体，用焗泡的效果就差很多）

① 茶与水比例为1：150~1：200之间，浓淡度因个人饮茶习惯，适度调整。

② 水开后将茶置入，转小火开盖(水有冒小泡)煮30分钟~1小时，并倒入保温瓶后即可饮用。

51

云南普洱

【 茶饮篇 】

| 做 法 |

生茶

① 弃去第一道茶

将普洱茶叶置入滤杯中,约10克左右,将沸水注入盖过茶叶。静置一会儿,弃去第一道茶水。

② 茶叶重新浸泡

再次注入沸水盖过茶叶,盖上杯盖,静置20秒左右,倒出即可饮用。

③ 耐泡可以重复

普洱是非常耐泡的,在喝完第一泡后,您可以将滤杯放回茶杯中,同样再次注水,静置小会儿,第二杯普洱又泡好了。

④ 注意避免过浓

第二泡和第三泡的茶汤可以混着一起喝,综合茶性,以免过浓。第四次以后,每增加一泡即增加15秒钟,以此类推。

(1) 可冷藏后饮用

普洱茶有其特有味道，不惯普洱茶味的人，可将茶泡好放进冰箱，冷藏后再饮用。

(2) 生熟茶的饮用

普洱分生茶和熟茶两类，生茶用自然发酵，对肠胃刺激比较大，熟茶用人工发酵，比较温和，我试验过最好的成效是生茶熟茶平均喝。

(3) 饮茶时间忌

女人在三个特殊时期不宜饮普洱：经期、孕期、哺乳期。吃药的时候也不能喝。

(4) 体热避免喝多

体热人喝新普洱茶容易上火、便秘。普洱是热性茶，体质湿热的人可不能喝太多。体热的人可以在熟茶中加点新的生茶，经济条件好的可以选喝5年以上的老茶。

材料

玫瑰	5克	红枣	3颗
葡萄干	10克	水	3000毫升
百合	20克		

做法

① 将所有材料洗净备用。

② 将所有材料放进壶中，冲入沸水静置焖15分钟，第一泡即可饮用。

③ 继续回冲，焖15分钟以上直至无味为止。

④ 若有时间可以用大壶水煮，水约3000毫升小火煮30分钟，即可。

药食材介绍

百合	味甘性微寒；润肺止咳 清心安神
玫瑰	味甘气香性温；理气解郁 和血散瘀
红枣	味甘性温；补脾和胃 益气 养心补血
葡萄干	含有大量的多酚类物质以及花青素，具有强力的抗氧化元素，不仅有补血效果，同时可以缓解手脚冰冷、腰痛、贫血等现象，更可以提高免疫力等，让健康加分。

百合

玫瑰

红枣

小小叮咛

脾胃虚寒的人，忌用百合。
玫瑰活血消瘀，孕妇慎用。

适饮对象

睡不安宁、脚气浮肿、久咳痰多、心肌不足、气血不足、大便不畅的人。

52

玫瑰黄金通畅饮

【茶饮篇】

山楂决明消脂饮 ◇53

【 茶饮篇 】

材 料

山楂	……………30克	蜂蜜	…………… 适量
决明	……………20克	水	…………3000毫升

做 法

① 将所有材料洗净备用。

② 将所有材料放进壶中,冲入沸水静置焗15分钟,第一泡即可饮用。

③ 继续回冲,焗15分钟以上直至无味为止。

④ 若有时间可以用大壶水煮,水约3000毫升小火煮30分钟,即可。

⑤ 糖的部分视个人需求添加,不加也可以。

药 食 材 介 绍

山楂	味酸甘性微温; 消食积 散瘀血
决明	味甘苦咸性微寒; 清肝明目 利水通便 调降血压血清及胆固醇

山楂

小 小 叮 咛

脾胃虚弱、便稀、空腹慎用山楂。

腹泻的人,忌服决明。

山楂决明菊花茶

同种食材,不同做法,无限美味,尽有可能!

| 材 料 |

冬瓜仁·····················20克
决明·······················20克
山楂·······················30克

荷叶·······················10克
蜂蜜·······················适量
水······················3000毫升

| 做 法 |

① 将所有材料洗净备用。

② 将所有材料放进壶中，冲入沸水静置焖15分钟，第一泡即可饮用。

③ 继续回冲，焖15分钟以上直至无味为止。

④ 若有时间可以用大壶水煮，水约3000毫升小火煮30分钟，即可。

⑤ 糖的部分视个人需求添加，不加也可以。

| 药 食 材 介 绍 |

冬瓜仁	性凉味甘；清热生津 避暑除烦 润肺化痰 利湿消肿
决明	味甘苦咸性微寒；清肝明目 利水通便 调降血压血清及胆固醇
荷叶	味苦性平；清暑利湿 升发清阳
山楂	味酸甘性微温；消食积 散瘀血

荷叶

山楂

小 小 叮 咛

脾胃虚弱、便稀、空腹慎用山楂。
腹泻的人，忌服决明。

适 饮 对 象

高血压、高血脂、经痛、消化不良、冠心病、便秘、水气浮肿、高血脂、脂肪肝的人。

荷叶决明冬瓜饮

【 茶饮篇 】

双麻畅通饮 ⟨55⟩

【 茶 饮 篇 】

材料

火麻仁	150克	冰糖	适量
黑芝麻	80克	水	3000毫升
白芝麻	80克		

做法

① 将所有材料洗净沥干,干锅开火不放油,将所有材料小火慢炒至金黄色,盛起备用。

② 将炒好的材料放入食物调理机中加入适量清水,打至细滑,用纱布隔渣。

③ 隔出的火麻仁汁加适量冰糖,滚起5分钟后关火,即可饮用。

药食材介绍

黑芝麻	味甘性平;补肝益肾 乌发明目 抗衰老
白芝麻	味甘性平;润肠通便 滋阴润肤
火麻仁	味甘性平;润肠通便 润燥乌发

黑芝麻

火麻仁

小小叮咛

易腹泻的人酌量饮用。

适饮对象

肝肾不足、便秘不畅、白发目蒙、熬夜失眠、火气大的人适饮。

荷叶薏仁利水饮 56

【 茶 饮 篇 】

材 料

荷叶·······················20克
玉米须·····················40克
炒薏仁·····················20克
水·······················3000毫升

做 法

① 将所有材料洗净备用。

② 将所有材料放进焗壶中,冲入沸水静置焗15分钟,即可饮用。

③ 继续回冲,焗15分钟以上直至无味为止。

④ 若有时间可以用大壶水煮,水约3000毫升小火煮30分钟,即可。

药食材介绍

荷叶

薏仁

玉米须

荷叶	味苦性平;清暑利湿 升发清阳
薏仁	味甘淡性凉微寒;健脾补肺 清热利湿
玉米须	味甘淡平;利胆退黄 利尿退肿 调降三高

小 小 叮 咛

体寒、胃寒的人慎用。

适 饮 对 象

水气浮肿、高血脂、脂肪肝、糖尿病、高脂肪的人适饮。

玫瑰洛神山楂饮 57

【 茶 饮 篇 】

材 料

玫瑰 ·························· 5克
洛神花 ······················ 8朵

山楂 ························· 20克
水 ······················· 3000毫升

做 法

① 将所有材料洗净备用。

② 将所有材料放进焗壶中,冲入沸水
扭紧盖焗15分钟,即可饮用。

③ 继续回冲,焗15分钟以上直至无味
为止。

④ 若有时间可以用大壶水煮,水约
3000毫升小火煮30分钟,即可。

药 食 材 介 绍

洛神花	味性辛平;清热利尿 消渴泄疲 促进新陈代谢
山楂	味酸甘性微温;消食积 散瘀血
玫瑰	味甘气香性温;理气解郁 和血散淤

山楂

玫瑰

小小叮咛

玫瑰活血消瘀,孕妇慎用。
脾胃虚弱、便稀、空腹慎用山楂。

适饮对象

高血压、高血脂、经痛、消化不良、
冠心病、肝胃气痛、月经不调、便
秘、养颜美容的人。

姜汁熟黑豆茶 58

【 茶饮篇 】

| 材 料 |

黑豆·····················200克
生姜·····················4片

水·····················3000毫升

| 做 法 |

① 黑豆洗净沥干，热锅不放油放入黑
　 豆小火慢炒至衣裂，盛起备用。

② 生姜洗净切片，放入锅中炒至姜片
　 成金黄色。

③ 将所有的材料放入壶中，加入3000
　 毫升水煮30分钟，豆汤同饮。

| 药 食 材 介 绍 |

黑豆	性平味甘; 补脾利水 解毒
姜	性微温味辛; 温中散寒 活血祛风

黑豆

姜

小 小 叮 咛

不拘饮用，一家都可喝的保健茶
饮。

适 饮 对 象

四肢冰冷、气血不足、循环不佳、新
陈代谢不佳的人。

车前芦根山楂饮 ⑤⑨

材 料

车前草 ························· 5克　　　山楂 ·························10克
芦根 ························· 15克　　　水 ·······················3000毫升

做 法

① 将所有材料洗净备用。

② 将所有材料放进壶中,冲入沸水静置焗15分钟,即可饮用。

③ 继续回冲,焗15分钟以上直至无味为止。

④ 若有时间可以用大壶水煮,水约3000毫升小火煮30分钟即可。

药 食 材 介 绍

芦根	性寒味甘;止呕除烦 利尿解毒
车前草	性味甘寒;清热利水 祛痰明目
山楂	味酸甘性微温;消食积 散瘀血

山楂

适 饮 对 象

高血压、高血脂、经痛、消化不良、冠心病、水肿、消夜应酬、脂肪多的人。

桂花甘草茶 ◇60◇

【 茶饮篇 】

| 材 料 |

桂花	适量	冰糖	适量
甘草	2片	水	1000毫升
绿茶	1包		

| 做 法 |

① 将所有材料洗净备用。

② 将所有材料放进焗壶中, 冲入沸水静置焗10分钟, 即可饮用。

③ 继续回冲, 焗15分钟以上直至无味为止。

④ 若有时间可以用大壶水煮, 水约1000毫升小火煮30分钟, 即可饮用。

⑤ 冰糖视个人需求, 不加亦可。

| 药 食 材 介 绍 |

桂花	茶味辛性温; 止咳化痰 养肤润肺
甘草	味甘性平; 润肺解毒 调和诸药
绿茶	提神清心 清热解暑 消食化痰 去腻减肥 清心除烦 解毒醒酒 生津止渴 降火明目 止痢除湿等药理作用

甘草

桂花甘草姜茶

同种食材, 不同做法, 无限美味, 尽有可能!

小 小 叮 咛

绿茶有兴奋提神的作用, 容易失眠的人可拿掉此项。

寒天缤纷乐 ⟨61⟩

【 菜饭篇 】

材料

寒　天 ································· 1 包
木耳 ································· 20克
小黄瓜 ······························ 20克
火腿片 ······························ 20克
红萝卜 ······························ 20克
盐 ································· 少许
糖 ································· 少许
醋 ································· 少许

做法

① 寒天用过滤水浸泡10分钟,洗净沥干备用。

② 木耳用热水浸泡10分钟,清水洗净沥干备用。

③ 红萝卜削皮洗净,切丝备用。

④ 火腿片、小黄瓜洗净,切丝备用。

⑤ 所有材料放入盆中,将盐、糖、醋放入调味拌匀,
　　入味即可。

小小叮咛

任何可凉拌的蔬食都可以随兴加入喔!喜欢吃辣的
也可以用辣酱来拌,像我就喜欢用我独家的椒麻酱
来拌,辣椒也可促进新陈代谢,搭配寒天多吃也无负
担。寒天含有丰富的多糖体及膳食纤维、铁、钙等,
是减肥期间很棒的主食之一喔!

云耳枸杞炒肉丝  62

【 菜饭篇 】

材 料

云耳	20克
枸杞	10克
芹菜	300克
姜丝	少许
肉丝	50克
酱油	适量
醋	适量
糖	适量

做 法

① 云耳用热水泡10分钟,清水洗净沥干备用。芹菜连叶用清水洗干净,切段备用。生姜洗净,切丝备用。

② 枸杞浸泡清水10分钟,清水洗净沥干备用。

③ 肉洗净切丝,抓一点麻油、酒、太白粉、酱油略腌,备用。

④ 热锅热油,将姜丝小火爆炒,放入肉丝炒至金黄,再放入云耳略炒,加少许清水及调味料焖煮5~8分钟。最后再加入芹菜拌炒3分钟,即可起锅。

小 小 叮 咛

云耳能清血脂,芹菜有降血压的作用,三高人士可以常吃喔!芹菜叶才是降血压的主要部分,可别傻傻地将它丢弃喔!家里有血压高的人可以常常煮芹菜叶肉丝蛋花汤。

凉拌海带芽 63

【菜饭篇】

材料

海带芽	20克
白芝麻	适量
姜丝	适量
蒜	适量
香油	适量
酱油	适量
醋	适量

做法

① 海带芽用过滤水浸泡10分钟，换水再浸泡，重复2次，过滤水洗净沥干备用。

② 生姜洗净，切细丝备用。

③ 将海带芽及姜丝放入大盆中，再放入个人喜好口味调味比例，拌匀，撒上白芝麻，即可食用。

小 小 叮 咛

海带芽，又名海芥菜、裙带菜。它富含碘、钙、镁，是瘦下半身必要元素。它可凉拌可煮汤，有时候我把它跟蛋打匀，煎个蛋也很棒喔！

南瓜虾米冬粉 64

【菜饭篇】

| 材 料 |

南瓜·······················100克
虾米·······················10克
香菇·······················2朵
冬粉·······················1个
姜·························少许
调味·······················适量

| 做 法 |

① 南瓜洗净连皮带籽切片或切丁,备用。

② 虾米用清水浸泡5分钟,清洗干净,再浸泡水备用。生姜洗净切片或剁碎备用。

③ 香菇浸泡热水10分钟,挤干再用清水洗净,切丝备用。冬粉清水洗过,浸泡过滤水备用。

④ 热锅热少许油放入姜、虾米、香菇爆香,再放入南瓜略炒,放入两碗水,盖锅焖煮5~8分钟,最后放入冬粉煮约3分钟,加个人喜好调味,盛起即可。

小 小 叮 咛

南瓜是养颜瘦身的好食物,冬粉可加饱足感,可以再加喜好的蔬食同煮,加大葱还可以促进新陈代谢。美味营养的轻食,又不用忍受饥饿,瘦身可以很简单。

海带芽鲜蔬味噌冬粉 65

材 料

味 噌 ······················· 适 量
海带芽 ······················· 20克
豆 腐 ······················· 20克
鲜 蔬 ······················· 适 量
冬 粉 ·······················1个
姜 葱 ······················· 少 许
调 味 ······················· 适 量

做 法

① 海带芽用过滤水浸泡10分钟,换水再浸泡,重复2次,过滤水洗净沥干备用。

② 生姜洗净,切片或剁碎备用。豆腐洗净,切大块备用。绿色蔬菜洗净备用。

④ 冬粉清水洗过,浸泡过滤水备用。

③ 味噌舀入小碗用热水调开,倒入汤锅中,放入海带芽、姜葱、豆腐、清水小火煮5~8分钟,最后放入冬粉煮约3分钟,加个人喜好调味,盛起即可。

小 小 叮 咛

味噌含有丰富的酵素,可以帮助消化;海带芽富含碘、钙、镁,是瘦下半身必要元素;冬粉可增加饱足感,再加多种菇同煮也不错,一个人都可以吃的美味轻食。

姜黄根茎谷米饭

香菇芋头谷米饭

南瓜杂菌松子谷米饭

香菇芋头谷米饭 66

【菜饭篇】

材料

香菇 …………… 2朵	芋头 ………… 100克	十谷米 ……… 3杯
虾米 ………… 15克	姜末 ………… 少许	
肉丝 ………… 30克	酱油 ………… 少许	

做 法

① 十谷米用清水浸泡一夜，或是用滚水在炉上煮10分钟，洗净备用。

② 香菇浸泡热水10分钟，挤干再用清水洗净，切丝备用。

③ 肉洗净切丝，抓一点麻油、酒、太白粉、酱油略腌，备用。

④ 虾米用清水浸泡5分钟，清洗干净，再浸泡水备用。

⑤ 芋头削皮洗净，切丁备用。

⑥ 姜洗净切少许，剁碎备用。

⑦ 热锅烧少许油，放入姜末、香菇、虾米、肉丝略炒，再放入芋头炒至金黄，最后放入少许酱油及清水焖3分钟，盛起备用。

⑧ 十谷米加炒料拌匀放入电锅中，加入四杯水，按下电锅，电锅跳起之后焖10分钟，开盖拌匀再焖3分钟即可食用。

小小叮咛

减肥千万不可不吃饭，人每天都要适量碳水化合物来提供身体热能，而米饭是热量最低的，而谷米所含的丰富膳食纤维及多种维生素、矿物质及微量元素对身体有益，且能有效地控制血糖、增加饱肚感，同时减缓饥饿感，是减肥时期的优质碳水化合物选择。

南瓜杂菌松子谷米饭 ⟨67⟩

【 菜 饭 篇 】

| 材 料 |

南瓜………100克	松子………15克	十谷米………3杯
三种菇类……各20克	姜末…………少许	
虾米………15克	酱油…………少许	

| 做 法 |

① 十谷米用清水浸泡一夜，或是用滚水在炉上煮10分钟，洗净备用。

② 三种菇类（蘑菇、草菇、金针菇、香菇、秀珍菇、灵芝菇，择三），清水洗净，切细备用。

③ 虾米用清水浸泡5分钟，清洗干净，再浸泡水备用。

④ 松子用干锅小火热炒至金黄色，飘出香味盛起备用。

⑤ 姜洗净切少许，剁碎备用。

⑥ 热锅烧少许油，放入姜末、杂菌、虾米，再放入南瓜炒至金黄，最后放入少许酱油及清水焖3分钟，盛起备用。

⑦ 十谷米加炒料拌匀放入电锅中，加入四杯水，按下电锅，电锅跳起之后放入松子焖10分钟，开盖拌匀再焖3分钟即可食用。

小 小 叮 咛

菇类含丰富的膳食纤维；松子能降低血脂、预防心血管疾病、抗衰老；南瓜促消化、养颜美容。这个饭养颜美容、消脂、抗衰，是女人美丽的好选择。

姜黄根茎谷米饭 ⟨68⟩

【 菜 饭 篇 】

材 料

红萝卜·········60克   鸡丁·········30克   调味·········适量

马铃薯·········60克   姜黄·········适量

洋葱·········20克   十谷米·········3杯

做 法

① 十谷米用清水浸泡一夜，或是用滚水在炉上煮10分钟，洗净备用。

② 红萝卜、马铃薯削皮洗净，切丁备用。洋葱去皮洗净，切丁备用。

③ 姜洗净切少许，剁碎备用。

④ 鸡肉洗净切丁，抓一点麻油、酒、太白粉、酱油略腌，备用。

⑤ 热锅烧少许油，放入红萝卜丁、马铃薯丁、洋葱丁炒香，再放入鸡丁炒至金黄，最后放入调味及清水焖3分钟，盛起备用。

⑥ 十谷米加炒料拌匀放入电锅中，加入四杯水，按下电锅，电锅跳起之后焖10分钟，开盖拌匀再焖3分钟即可食用。

小 小 叮 咛

姜黄近百年来有超过1700篇相关的科学论文发表，属于多酚类化合物的姜黄素，具有抗发炎、抗氧化、清除自由基、抗癌、心血管保护等作用，并且被认为具有潜力，可被开发为癌症、糖尿病、高血脂、心脏病、关节炎、皮肤病、阿兹海默症甚至艾滋病等多种慢性发炎疾病的治疗药物。近期更被推崇为可排毒的佐菜圣品，它可增进肝脏功能、加强代谢，甚至加速塑化剂排出，所以姜黄可以常佐菜食用喔！

煲汤妈咪亲身体验的
瘦身诀窍

① 我的两项饮食瘦身重点：酵素排毒及煲汤

瘦身重要在排毒，身体的毒素有被排出将有助新陈代谢，新陈代谢好自然就可以延缓身体机能的老化，而要延缓老化必须遵守下列原则：

每天每餐都要尽量摄取 酵素丰富的食物
若是无法全天持续 早餐是吃酵素餐的最佳时机
要有稳定的情绪及 优质且深层的睡眠
每天必须要持续适量的有氧运动
避免摄取过多的加热食物
避免食用加工品或甜品零食
避免摄取容易氧化的油及转基因油脂
避免摄取过量的蛋与肉
要适度地排解压力
晚上八点后禁食或选择性进食

酵素是碳水化合物、蛋白质、脂质、维生素、矿物质、膳食纤维、植化素及水这八种营养素之外的第九种营养素。呼吸、消化、排出体内的老废物质，结合营养素一起将食物转化为能量，提高身体的免疫力，这些运作活动都要靠酵素才可以，所以保持自己身体本身的酵素与从食物中补充新酵素，是排毒的首要。市面上有很多酵素排毒法，简单一点的做法就是在空腹时常补充食物酵素。

在每一餐用餐前20分钟，食用水果以补充消化酵素，像木瓜、凤梨、奇异果、香蕉、苹果都是很好的瘦身水果酵素。而且酵素在48度以上的环境就会停止作用，所以生食是最理想的，而且要慢慢地咀嚼，才能破坏食物细胞以获得较多的酵素，咀嚼不仔细的人可以用打汁或是磨泥的方式代替，吃完一段时间后，接着再吃比较花时间消化的肉或鱼等动物性蛋白质与碳水化合物。

综合上述，我的生食蔬果酵素法只在下午4点前进行，4点以后我饭前酵素用氽烫蔬菜代替，味噌也是很好的酵素佐菜调料，然后再搭配我的营养煲汤，热汤的温度可以提高体温、活血暖身，对代谢提升很有帮助，而且饭前喝汤可以增加饱足感，后面摄取的食物就不会过量。而高纤蔬食搭配合适的药材可以调整体质，达到健康均衡又瘦身的效果。但是蔬食属寒性，此时姜就很好用了，用姜中和寒性，身体不但促进代谢又无负担，多喝几碗也不怕。

身体弱的时候喝一碗热汤，也很容易让体力、精神恢复。多喝好汤对身体好处真的很多，而且温补的汤对身体没有负担，让身体慢渗滋补，效果可能比吃熬制浓缩汤药更有效果。

坏油是酵素的敌人，氧化的油消化起来比较费时，会浪费大量的酵素。我们可以改变摄取的油，如亚麻籽油就是很棒的选择，而亚麻籽油的功效如下：

1.具有抗炎、抗血栓、抗心律失常、降血脂、降血糖、降低血黏度、降低胆固醇、清洁血液、清洗血管和舒张血管及预防糖尿病、高血压、脑中风和心肌梗塞等作用。

2.具有补充大脑细胞营养、促进智力发育、提高记忆、防止脑萎缩和老年失智、提升抗压力、减少忧郁症和失眠症等作用。

3.具有抗癌、抗真菌和抗过敏性病症等作用。

4.强身健美、增强肌肤娇柔亮泽和弹性、提高免疫力、降低油脂沈淀、减轻体重。

5.改善肾功能、减轻哮喘、增加肠蠕动、预防便秘、预防关节炎、改善女性经期前综合症状。

亚麻籽油容易氧化，最好别加热，凉拌或倒一小杯生饮都是很棒的方式。如果要热烹调可以用麻油，麻油是耐高温的好油。

② 正确的进食方法

正确的进食方法应该是：

1.充分地咀嚼

2.缓慢地进食

3.蔬果7: 米饭1: 肉类1: 油脂

(一)瘦身的进食顺序

1.饭前20分钟吃水果，让水果在体内准备好消化酵素（凤梨、苹果、奇异果、木瓜都是很好的选择）

2.然后再喝一杯水，可以延缓胃消化的速度

3.饭桌上的菜肴先吃蔬菜

4.蔬菜吃了半饱之后喝汤

5.汤喝完了之后吃饭

6.最后才吃肉

(二)记得一定要充分咀嚼及缓慢进食

饮食原则是越难消化跟高脂肪的食物放最后。曾经有人跟我说他对美食没有办法控制的时候，我就会建议如果你想吃的东西是热量高的，也别强迫自己痛苦地拒绝。把握一个原则，有五次想吃忍住三次，要吃的那两次就把吃的顺序摆在最后，因为你之前已经吃的差不多饱了，最后也不会吃过多。吃了这次之后接下来的两天饮食就清淡一点，这样可降低复胖的几率。

最重要的饮食习惯是"早餐一定要吃，而且要吃的好"！身体经过一个晚上的休息，新陈代谢趋缓，必须要有足够的燃料才能启动一天的开始，而吃的好不是没有禁忌的大吃特吃，高油脂高热量的还是要避免。优质的生食蔬果会是早晨最棒的选择，大量的酵素制造有助一天的排毒。

(三)少量多餐

想减肥，的确应控制热量，减少摄取量，减重需要热能来消耗，不吃反而更容易发胖，所以千万不要以节食作为减肥的唯一手段。当身体没有食物需要消化时，新陈代谢就会下降，少量多餐才有助维持代谢的效率。重点是每餐的热量摄取不宜多，而且总热量控制要注意，才不会变胖，而胃容量也逐渐缩小，食量也会开始变小。

(四)不吃淀粉就会瘦的迷思

记得我在香港第一次减肥时，采用女生最常说的不吃淀粉减肥法，其实一直都没什么成效，但我还是做。那时我婆婆非常生气，还曾跟我说重话，表明不吃饭就不是她的媳妇了。结果我一天五餐，餐餐吃饭，半年之内还下降了15千克。

后来看了很多相关报导，不吃淀粉就会瘦的迷思应该破除。因为基础量的碳水化合物可帮助燃烧脂肪，基础量即约半碗饭的量。脂肪在体内燃烧时需要碳水化合物的帮忙，碳水化合物如果不够，脂肪就无法燃烧，或是燃烧速度变慢，反而容易囤积。

另外，运动超过30分钟以上，建议在运动前半小时补充一份碳水化合物，同时补充能源及电解质，也让脂肪更容易燃烧。

市面上的书籍写了好多体质分类，如脂肪肥胖、水肿肥胖、水梨型肥胖等，很多的肥胖说词。其实我觉得肥胖没有什么分类，简单地说就是身体失衡造成的。身体失衡没有单一原因，会因当时你的心理及生理状况而有所改变。例如你认为当时自己是水肿型肥胖，就选择一直吃利水消肿的食物，结果身体失衡，不但没有瘦下来，还可能造成另一个症状出现。所以我觉得要从身体机能平衡开始，而要平衡就要注意下列身体六大要臣。

③ 瘦身美丽的身体六大要臣

(一)肠胃系统 —— 排便

现代人精致饮食习惯、工作压力大、生活作息紊乱、睡眠不足、肝火旺盛等都会引起便秘的问题，而粪便停留在身体里没有被排出，其毒素会再次被身体吸收，残余毒素会令身体机能出现问题，更容易肥胖。所以要瘦身美丽，肠胃健康是首要。

(二)淋巴系统 —— 防御失调

淋巴系统中的某些细胞具有免疫功能，对外来物质加以去活化性或是破坏，即所谓的免疫力。免疫力下降或是淋巴系统失调，身体就很容易疾病上身。

(三)内分泌系统 —— 调节生理

人体的内分泌系统，分泌各种激素和神经系统，来调节人体的代谢及生理功能。正常情况下各种激素是保持平衡的，若因某种原因使这种平衡打破了（某种激素过多或过少），就会造成内分泌失调，引起相应的临床表现。男性和女性都可能出现内分泌失调。

(四)肾脏功能 —— 排尿

肾脏有排尿功能，排尿就是在排毒。生病的时候医生说要多喝水，就是用排尿将病菌的毒素排出。当肾功能发生障碍时，就会导致代谢物在体内累积，变得容易疲倦、食欲不振、虚弱失眠等等。

（五）肝脏功能 —— 解毒

肝脏是将有毒物转化成无毒物质的大功臣，就是所谓的解毒器官。当肝脏出现问题时容易疲倦、过敏、防御功能下降，严重的会有食欲不振、恶心想吐等症状。

（六）脾脏功能 —— 衰老

人要延缓老化就要把"脾气"顾好。脾气虚，血气上不了脑，就会思绪混浊、昏昏欲睡；脾气虚，肌力不足、身体反应慢；脾气虚，身体排毒功能就会缓慢，便秘就容易产生，排便不畅，脾气好精气神好，自然就会延缓老化。

身体里每个脏器都有其运作及休息的时间，若能让器官在对的时段得到最佳的休息与自我修复的时间，就能达到最有效的排毒效果。身体里的器官是要陪我们走一辈子的，一定要珍视它！

最佳的养瘦睡眠时间，从九点睡觉最好，不能的话最迟10点半就要进入睡眠备态，11点前进入熟睡。若要念书、工作，建议以上时间睡眠，凌晨三点起来再念书工作，其效益绝对大过一路熬也完成的绩效，而且无人吵闹安静的环境有助思考。遵照此休眠时间，身体机能将会大大提升。

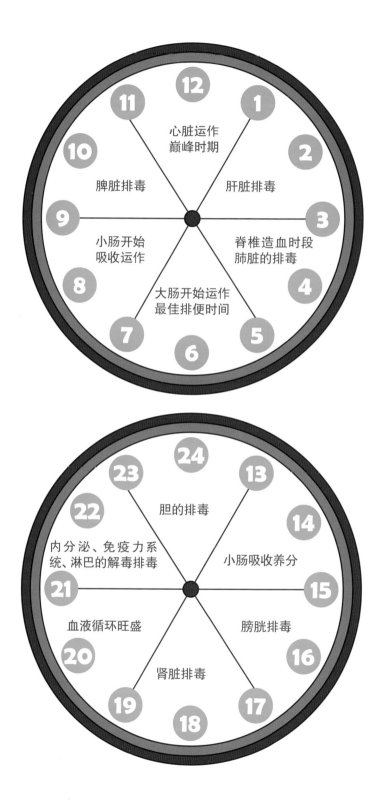

早上07~09点	胃脏负责热量消化，提供一天体力能量，早餐最好在7点半以前吃完，若未吃早餐又未排便，此时小肠就会吸收大肠内的宿便，对身体非常不好。
早上09~11点	脾脏排毒的时间，也是淋巴系统和内分泌系统的排毒时间。这段时间不宜吃冰，最伤脾脏，影响发育及生育。此时注意力及记忆力最好，是工作与学习的最佳时段。
中午11~01点（午时）	是心脏工作巅峰时期，也是人体能量最强的时刻，此时心跳次数较为快速。
下午01~03点	是小肠吸收养分的时间，过了这个时刻，肠胃功能减弱，故有过午不食的养生之道。
下午03~05点	是膀胱排毒的时间，在此时段做点运动有助于排尿功能。
下午05~07点	是肾脏排毒的时间，在此时段做点运动，有助于肾脏排泄毒物的功效。
晚上07~09点	是血液循环旺盛的时间，此时血压会稍高，好好放松地休息。
晚上09~11点	是人体免疫系统休息与滤毒的时间，也是女性内分泌系统最重要的时候，此时适合放松心情做睡前准备。适合听音乐、洗澡、为明天作计划，或回想今天做了哪些美好的事情，将错误原谅与放下。
晚上11~01点	是胆的排毒时间，要进入熟睡才能进行，不能只是入睡。
早上01~03点	是肝的排毒时间，也是要熟睡才能进行。夜间工作者每周至少要有一天、每月最少要有一周能早点睡，避免对肝脏造成太大的负担。
早上03~05点	是肺脏的排毒时间，肺有问题的人在这个时候咳嗽会较厉害，肺的排毒要做心肺运动才能排出。起床的时间参考当地当季太阳出来的时间，太阳出来后较有氧气，适合做运动，因此正常的人约5点就要起床。
早上05至07点	大肠的排毒时间，应上厕所排便。而且每天最少需排便一次以上，能排便3次则最理想，堆积肠道中的宿便是万病之源。

人体五脏六腑的生理时钟作息时间表

④ 用身体产生热能的方式来消化脂肪

简易又适合我的运动法就是深层呼吸搭配30分钟的健走法。深呼吸瘦身法相信大家在很多地方都有看到，而让我深入了解的是一个日本男星美木良介的方法。原理很简单，就是在呼吸的同时也将全身的肌肉一起作用，而最大的关键就是让丹田用力，而且这个方法何时何地都可以做，更可让身体仪态变好、腰酸症状舒缓，一起来试试吧！

深呼吸的首要练习方法是站在原地，全身挺直，手臂用大回转的形态伸展背肌，先从鼻子慢慢吸气3秒，再从嘴巴一口气吐3秒，然后再持续4秒将剩下的气吐出来，共七秒。而这个准则是要让丹田凹陷，重复持续两分钟练熟后，就可以进行健走。搭配健走的方式是走四步吸气、走四步吐气的频率反复，身体不要向前倾斜，后脚伸直走路，而手臂肩平行向后摆动，用身体的扭转摆动手的姿势健走。等更熟练之后可再更换手臂的扭转方式，来达到不同部位的运动。

（二）一个星期最少2次的排汗浸浴，添加粗盐促进代谢排毒

粗盐富含海里约60多种矿物质及微量元素，在我家粗盐是好用圣品。粗盐去杂粮行就买得到，不需要超市里经过精致包装的贵价粗盐，天然粗盐便宜又好用，我家通常会买个十几、二十斤备着，下面就让我来好好介绍吧~（以下资讯部分为网络资讯，经亲身体验证实实用！）

1.消磁、净化

相信不用多说，有使用能量商品或是关注风水的人都知道，净化消磁能量商品能消除不属于你的磁场能量。入住新宅在房子四个角落放置盐堆，也可净化避邪。

2.盐浴能清洁排毒、促进新陈代谢、促进循环

粗盐是最好的天然消毒、杀菌物质，更是软化角质的最佳物质，而它有一个最大的功能就是除去自来水中过量的氯。天然海盐能提供人体肌肤足够的养分，而海盐所含的渗透压作用，也能去除肌肤毛孔及汗腺的旧皮脂及污垢，其中所含有钾、钙、镁等各种矿物质，长期使用有助于血液及淋巴的活络，甚至黑斑都会有改善现象。盐的矿物质会随着浸浴，在身体形成保护膜，并能与皮肤产生离子现象，加速新陈代谢，可消除疲劳、达到美肌效果。若在浸浴时加上按摩，不单可促进血液循环，还可以将表皮

的污垢、皮脂一并排出,使肌肤更光滑、柔嫩。

在我家,工作疲劳、循环差、腰酸背痛、水肿,甚至发烧,我们都会泡粗盐浴。教我盐浴的人分享说,曾经有个实验,让吸过毒的人长期泡盐浴,能有效排毒,最好的排出毒疮后痊愈。而加苏打粉一起泡可去除体内放射线,坐飞机后或是做完放射治疗后的人可以常泡,使用过的人都觉得获益匪浅。盐的使用量要看浴缸深度,而其咸度与海水差不多,浸泡深度以超过心脏为标准,泡至排出汗才算有效喔!如果泡澡不方便,粗盐水泡脚也可以,泡到超过膝盖最好,而浴盆中加入粗盐水不容易变冷,要泡到出汗绝对没有问题!

3.晨起一杯粗盐柠檬水,启动净化排毒的开始,且可以有效调整体质

柠檬虽然味酸,但是属于碱性食物,含有丰富的维生素C及钙,肝功能不好的人吃柠檬能帮助清除积存于肝脏内的杂质和毒素。但是果实被切开后要立即食用,否则营养成分会因为与空气接触而减弱。这个晨间饮品可以帮助调节体质,让身体基本的新陈代谢力提升,对于养身甚至减肥的人都会很有帮助。

粗盐1匙 + 柠檬一颗(不适宜体质的人可减量或免除)+ **400毫升温水**,一早起来,什么都不做先喝一杯粗盐水,大概10分钟之后再开始刷牙洗脸吃早餐等等,排便不畅的有可能没多久就能畅快了!不宜食用或不爱柠檬的人,不加柠檬亦可。

4.粗盐能够刺激皮肤上的汗腺和皮脂腺,在想减的部位适量按摩,便能排出体内多余的水分和脂肪

用盐洗脸效果好过洗面乳,因为盐在脸上摩擦时,能有效消除脸上毛孔所积累的油脂、粉刺、黑头、死皮等。可以有效地消除痘痘,若再加上柠檬汁配搭更可以去除雀斑喔。盐的粒状有磨砂作用,能够去除皮肤上的死皮,令皮肤光光滑滑,还能加速血液循环。

另外,睡醒发觉自己眼肿,可用化妆棉沾盐水敷眼,盐的粒子能消除多余的水分,可有效去除眼肿。

5.粗盐洗发,可恢复弹性与光泽

长期使用含化学成分的洗发精和护发素会令头发及头皮受损,更会令头发欠缺生气。粗盐洗头可令了无生气的头发恢复弹性及光泽,而且盐的颗粒在洗头时会刺激头皮,这种刺激可以促进毛发生长,但若是秃头情况,用盐洗发再生的机会不大。另外,用盐水帮小狗洗澡,再用密齿梳替它梳理毛发,虱子自然掉落远离,并减少狗骚味。但需注意小狗身上是否有伤口!

6.洁牙去味

粗盐加小苏打刷牙可以去口臭，令牙齿更洁白喔!

7.去渍

将沾有血迹的衣服或布，浸泡在冷盐水里后用温水冲洗，再泡入肥皂水中加热煮沸便可完全去除。去除汗渍则用950毫升的热水，加4汤匙盐后将有汗渍的衣物放在里头，直到汗渍消失。而杯子用久后会残留茶垢或是咖啡垢，一把盐与柠檬一起搓洗，再用水清洁冲净，干净溜溜。

木制砧板用久后会残留鱼肉、葱蒜的腥味，用盐巴刷洗，可以除臭杀菌。锅子不小心烧焦，可以放些粗盐在锅子内开小火炒几下，能迅速除去脏污。

8.食物加盐的诸般妙用

煮蛋时在水中加点盐可以防止鸡蛋破裂。打果汁时可以加入少许盐，防止维生素C的流失。切好的水果泡盐水可以防止氧化。煮粥的时候加一两颗粗盐可以防止胀气，宝宝副食品时很好用喔。煎鱼或油炸食物时放入少许盐在锅内，可以防止溅油，也比较不会烧焦。油放入锅内热过后可放少许盐，再放入青菜，保持炒青菜翠绿颜色。豆腐浸泡在盐水中可以保持豆腐嫩度及不易发酸。

9.烧烤时，用纸包着食盐放入火焰中，可增强火力.减少烟雾

10.下雪时将盐洒在路上，减少道路因水结冰而造成的路滑伤亡

气候严寒的国家常以盐减少车祸意外。若上山赏雪或低温而湿气重的天气来临时，可用透气布料装盐弄湿擦拭挡风玻璃内面，冰霜自然解除。

煲汤妈咪小叮咛

一般家庭煮菜都用精盐，不过我仍使用粗盐，基于粗盐的效用多多，大家不妨参考!

(三)盐浴的进阶，一个月2~4次岩盘浴

现今社会环境的污染充斥、食物含化学添加物或摄取过剩热量等原因，使得身体新陈代谢大幅降低，体内堆积过多毒素，如何排泄毒素变得非常重要。排除体内积蓄的坏因子，才能健康瘦身。

在我的好友京城中医陈院长的介绍下接触了岩盘浴，岩盘浴有许多不同矿石，京城中医的锗矿石对于排汗、新陈代谢循环特别有效，不仅能增进新陈代谢，与体内深层按摩，更能将体内积蓄毒素轻松排出。每周去躺岩盘是我恢复能量的好方法，感觉它不但代谢我身体的毒素，也让我的脑神经舒爽，排毒纾压一举两得。

（四）食物里面增添一点姜，或是晨起口里含姜对身体也有很好的帮助

课堂上总有人发问："妈咪，有什么好用又简单的家庭保健法？"在我家，一大袋生姜及10斤的粗盐是常备品！再来说说姜吧～～（以下资讯部分为网络资讯，经亲身体验证实实用）

姜对人体的好处多多，我的家庭保健是这样做的：

（1）宝宝自四个月吃副食品开始我就添加姜泥，日常做菜煲汤每道菜都会加姜。

（2）发烧畏寒会用姜搓脚底；晕车或怀孕时孕吐含姜在口或是敷在内关穴可舒缓症状；咽喉肿痛煮热姜水再加上少许粗盐当茶饮用；口里破疮用姜汁漱口；跌打损伤无法立即求医时可以用姜汁和酒调和浸泡纱布敷于患处。工作压力大、精神紧绷、头痛、烦燥、睡不安稳时，早晚空腹喝一杯温热姜水，会有很好的改善；脚臭脚汗多的时候泡姜水也很有帮助；四肢冰冷时用姜汁搓揉，睡暖睡好。

（3）宝宝出生时毛发不多我也会用姜切口来回搓；大人小孩一个星期泡一次姜水澡或是用姜水泡脚，可促进循环代谢，增强免疫、排毒；家有高血压患者，每天15分钟的热姜水泡脚，会使血管扩张，血压趋缓喔！

《本草纲目》记载："姜辛而不荤，去邪避恶，生啖，熟食，醋、酱、糟、盐和蜜煎调和，无不宜之，可蔬可和，可果可药，其利博矣。"换句话说，姜的好处颇多，特别是面对现代各种与自由基氧化伤害有关的慢性疾病，有抵抗调和的效应。

《中国本草图录》记载："姜：辛、微温、发汗解表、温中止呕"。所以伤风感冒、恶心呕吐，喝碗热姜汤有缓解功效，风寒发热可用老姜煮汤，趁热洗浸全身，引出淋漓大汗。

姜对人体的好处多，中药方也多用姜，以下略举近午较著名的医学研究：

1.抗氧化名列前茅

姜的好处不仅在于提供营养素，它具有多样的保健功效。最近美国与挪威学者合作，很有系统地评估各种植物性食材的抗氧化效力。在十一种根茎类食材中，生姜的抗氧化效力排名第一，是马铃薯或甘薯的十倍以上。不仅如此，生姜的抗氧化效力比多数的蔬菜、水果都高，常见的深红或深绿色蔬菜，柑橘、柠檬、葡萄等高维生素C水果，抗氧化效力都比生姜略逊一筹，只有石榴与浆果类水果超过生姜的效力。抗氧化成分有助于消除血脂的氧化伤害。此外，澳洲学者

的研究指出，姜所含的姜醇类成分可抑制血小板的凝集。这些作用都是对抗心血管疾病的利器。

2.抗发炎无副作用

姜醇类成分还具有抗发炎的效应。骨关节炎也称为退化性关节炎，是人体骨头关节经历长年使用与磨损，软骨产生退化的结果，可以说是老化的自然现象，主要发生在老年人和少数中年人。

容易磨损的关节都是承载重量的部位，例如脊椎、臀骨、膝盖等。除了老化因素之外，运动伤害、长时间连续过度使用关节、先天性关节结构异常、关节炎病史等，也可能造成骨关节炎。骨关节炎会使关节剧烈疼痛，造成行动不便，丧失敏捷利落；患者会避免使用疼痛的关节，而关节的运动越少血液循环越差，营养供应不足就更退化，落入恶性循环中。

美国的临床研究指出，姜萃取物可以减轻关节疼痛，甚至减少止痛药的服用。研究使用的剂量，生姜是每天3克，服用三个月到两年。由于姜的味道强烈刺激，有时会引发肠胃的不适，不过并不会造成伤害。医学研究也发现，服用非固醇类消炎药者，某些癌症的罹患率较低，因为身体发炎与癌症有相关的机制；而姜的有效成分比抗发炎药物复杂，但是没有药物的副作用。

3.抗呕——孕妇福音

姜自古以来就有止呕的功用。近年欧美数个严谨的临床研究证实，姜对减少孕妇害喜的症状和次数有帮助，也可以缓和晕船呕吐，以及化疗引发的恶心呕吐。这些研究中用的姜是磨粉制成胶囊，孕妇的用量是250毫克胶囊每天4锭，服用四天就可见效。根据妇产科的经验，约有百分之一的孕妇因为严重害喜而必须住院，约三分之一的孕妇会因害喜而使日常生活失序。虽然有一些药物可以缓和害喜症状，但是孕妇通常顾虑胎儿的健康，并不寻求药物治疗。姜的使用经验历史悠久，多数典籍的记载都没有毒性，对孕妇也无妨碍，因此对受害喜之苦的女性是一种温和有效的抗呕食品。

4.姜效实例

一位八旬老人，晨起含姜15年，从来没有患过感冒，原有的胆结石、肾结石也好了。老人晨起含姜，15年从不间断，连外出旅游也带上生姜，而在他身上出现了三个奇迹：

（1）不得感冒了

自从含姜至今，他没有患过一次感冒，偶尔有点感冒的迹象，喝点姜茶睡一觉就没事了，治好了他过去最头痛的感冒。这位老人说，含姜一定要在早上，晚上绝不能这样做。古人云："早上吃姜，胜过吃参汤；晚上吃姜，等于吃砒霜。"

（2）治好了胆结石

这位老人几年前体检时，发现肝左叶胆管结石0.8x0.2厘米，他从未吃过医治胆结石的任何药物，只是坚持每天早上含姜，今年再体检时，胆囊未见异常。据他讲，早晨含姜，胆结石、肾结石都可以治好。

（3）肝功能全部正常了

他从1998年至2002年连续五年做"二对半"检查，有二项阳性。今年体检时，乙肝病毒、检查"二对半"全部阴性。

据这位老人介绍，含姜的方法是：将生姜刮去皮（姜皮属于凉性），每天切四五片生姜（切的像厚纸片一样薄，切的太厚很辣），放在碗内。每天早晨起来，先饮一杯开水，再冲开水到盛有姜片的碗中消毒处理，然后将姜片放在嘴里慢慢咀嚼，含10至30分钟，将姜片咬烂，让生姜的气味在口腔内散发，扩散到肠胃内和鼻孔外。

看似普通的生姜的确具有某些神奇的功效。某位村民干完农活，出了一身大汗后，突然患了病，浑身发烧，头痛、无力，处于昏迷状态，家人非常着急。这时一位上了年纪的老农煮了半碗汤让病人喝下。谁知，后半夜病人出了一身大汗，病竟好了。医生解释说，生姜中的有效成分能减慢脂肪食物氧化变质的速度，还能减少老年斑的产生，延缓衰老的出现。因此，民间有：**"晨吃三片姜，赛过人参汤"**之说。

5　睡眠充足、保持心情愉快，有助建立不易胖体质

长期的睡眠不足会使血清素分泌量减少，而熟睡状态下身体会分泌生长激素，促进骨骼及肌肉生长，所以总有人说育儿时睡眠比吃重要，睡得好宝宝自然长得好。

生长激素还可以加速体内新陈代谢及脂肪燃烧。生长激素只在夜间睡眠时间分泌，尤其是入睡90分钟后分泌最旺盛，长期的睡眠品质不好自然会影响瘦身，睡眠时间及品质好自然就可以加速燃烧体内脂肪。

充足的睡眠也能提升基础代谢率。美国芝加哥大学研究发现，连续6天睡眠不足的人，瘦素（leptin，一种和肥胖有关的荷尔蒙，会释放讯息告诉大脑饥饿与否）降低19%~26%。

所以在准备入睡前，喝杯热水、热牛奶或是其他会暖身的饮品，听点音乐放松心情，不要看书、不要想事情、不要工作，身心的放松有助睡眠品质的提升。睡眠品质好，思绪清楚，心情舒畅，这是一个良性的循环，身体状态就会越趋平衡，就更有助瘦身。

而心情愉悦，常大笑，不仅运动到五脏内腑，排除难受痛苦所带来的压力毒素，更是加速代谢、活化身心的自然瘦身法！

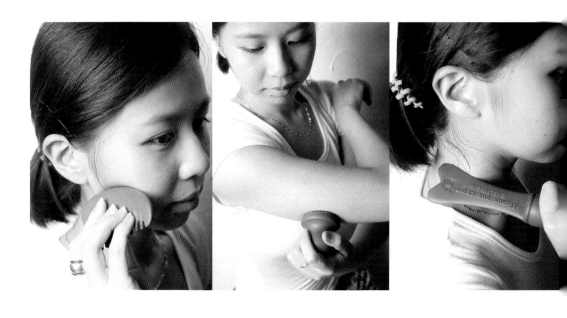

⑥ 刮痧排毒兼瘦身

刮痧的目的在于舒缓淤积气血，一方面也能舒缓紧绷的肌肉，甚至能舒缓情绪。刮痧可以使经络疏通，血液和淋巴液循环就会加速，在减肥当中被液化的脂肪就会通过汗腺等被带走。很多肥胖者肥胖的原因是由于内分泌失调导致激素代谢水平出现异常，而通过刮痧就可以抑制食欲、减少食物的摄入量。通过刮拭经络产生一定的刺激作用，当这些刺激传入脂肪组织时，可以加速脂肪的分解和抑制脂肪的形成。

全身性的排毒刮痧次数是一个月最少1次；平常的局部刮痧则可以天天进行。最佳的刮痧时机是在洗完澡，沐浴过后的血液循环好，可以提升排毒效果。而力道控制在"感觉到压力，但不会疼痛"即可，1个部位大概刮20~30下。力道轻一点的话，大约刮60下。

不是越大力就越有效果，过度用力会让身体吃不消，而且要循序渐进地慢慢刮。不一定要刮到出痧，有时只要觉得表皮发热，身体有在循环也可达到效果，以个人可以承担及舒服的方式就好了。

刮痧前要准备顺手好刮的工具，有能量材质的刮痧器具会事半功倍。我最近就爱上陶瓷刮痧棒，其陶土的

天然远红外线可以促进循环，出痧快退痧也快，再搭配适合个人的精油、活络油、按摩油，不会令皮肤受伤，效果也更好。

特别提醒，使用前后刮痧棒都要适量地消毒清洁以避免细菌感染喔！不管要瘦何部位，建议一开始就由头往下刮过肩颈，肩颈松身体各处都比较容易通。平常有空可以多刮胸前，即所谓"人的八卦"，也所谓"开八卦"，八卦开了比较不会胸闷。

（一）瘦脸刮痧法

脸部刮痧走向图

（二）瘦手臂刮痧法

手臂分布着六条经络。手臂外侧是大肠经、三焦经、小肠经所经过的地方，手臂内侧分布着肺经、心包经、心经。全部由上往下刮，刮出手指尖才算毒素导出。

（三）瘦腿刮痧法

1.大腿

大腿总共可刺激四条经络，主要瘦大腿的穴位都位在这四条经络上：

大腿外侧的胆经，由上往下刮（为了将废物导出）。
大腿前侧的胃经，由上往下刮（为了将废物导出）。
大腿后侧的膀胱经，由上往下刮（为了将废物导出）。
大腿内侧的脾经，由下往上刮（为了将废物导至淋巴排除）。

2.小腿

水肿型小腿，最有效。（小腿四侧通通由下往上刮，促进淋巴循环）
肌肉型小腿，也有效。（小腿四侧可都由下往上刮，放松小腿肌肉）
脂肪型小腿，看情形。（小腿四侧主要由上往下刮，促进血液循环）

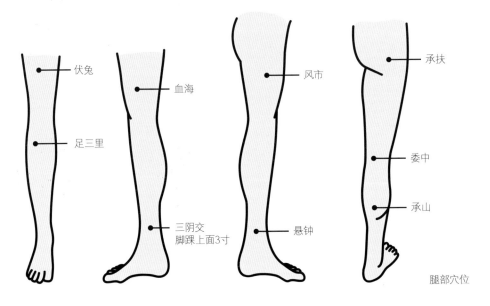

腿部穴位

长期排便不畅，更直接影响到肤质和肤色。采用腹部刮痧，可以有效刺激肠道蠕动，促进腹部血液循环，促进肠胃动力，有效改善消化系统机能，进而改善便秘的苦恼，还能起到燃烧脂肪、收腹的效果。

1.先将精油倒几滴在掌心，用手心搓热后均匀地涂抹在腰腹部，双手交替着从下向上推揉腰腹部。在这个推揉的动作中，精油可以更好地被肌肤吸收。

2.刮痧前最好先进行按摩，用双手先拉提腹部，等腰腹部的肉变松软后，再进行刮痧，瘦腰效果会更好。

3.以肚脐为中心，按顺时针方向用刮板进行刮拭按摩，力度均匀，不必过于用力，以腹部皮肤红润为主。

4.采用角揉法，按摩上述提到的天枢穴、关元穴和气海穴。所谓角揉法，就是以刮痧板的厚边棱角边侧为着力点或厚棱角侧面为着力点，着力于有效穴位，施以旋转回环的连续动作，带动皮肤下面的组织搓揉活动，用力适中。

煲汤妈咪知识分享

腹部穴位有三：
(1)天枢穴：肚脐两侧两个手指处。
(2)关元穴：肚脐往下四个手指处。
(3)气海穴：肚脐往下一个手指处。

中医认为脊柱两侧膀胱经上的俞穴，为内脏气血输出之处，刺激背部脏腑俞穴，对五脏六腑的精气有直接的调节作用。根据神经分布和经络腧穴的特点，通过出痧的形式，达到舒通经络、驱邪散热、提高人体抵抗力的功能，不仅可以祛风泄热，还可以调理全身整体功能。

1.先刮督脉：用方形刮痧板的一角，板身与皮肤倾斜45度，由上至下刮拭督脉，每个动作重复5~8次，直至出痧。

2.使用刮痧板的角面：分别刮拭与督脉紧邻的华佗夹脊穴所在的经络。

3.用刮痧板的一角：刮双侧肩胛缝，刮痧板紧贴皮肤，力度均衡渗透。

4.刮膀胱经：先刮外膀胱经，后刮内膀胱经（内膀胱经在脊椎两侧各旁开1.5寸的位置，外膀胱经在脊椎两侧各旁开3寸的位置）

5.向下斜刮肋骨缝：刮五条至六条肋缝即可（不可刮在肋骨上），以督脉为刮拭起点，刮至肋骨下为止。

一个部位每天坚持一次，效果显著。坚持刮痧三天至一周，就能得到一定程度的改善；坚持半个月至一个月，就能明显感觉身体轻盈。

刮痧注意事项

有出血性疾病，比如血小板不足症者，无论头部还是其他部位都不能刮痧。

如果有神经衰弱，最好选择在白天进行头部刮痧。

刮痧能让皮肤泄热，但也会因此造成乳酸、肌酸累积，若过度而未代谢，最严重可能导致横纹肌溶解，刮痧时最好深呼吸，刮痧后缓缓喝500毫升约30~45度的加盐温水，效果更好。

皮肤有感染疮疖、溃疡、瘢痕或有肿瘤的部位禁刮。

刮痧后，3小时内最好不要洗澡，建议洗澡后再进行刮痧。

每天刮一次就好，不要过量。

女性经期前三天最好不要刮。

【 药 材 表 】

土茯苓

味甘淡性平；
利湿热解毒 健脾胃

山楂

味酸甘性微温；
消食积 散瘀血

丹参

味苦性微寒；
强心护脑 活血通经

五指毛桃

性平味甘辛；
固肾利湿 行气舒筋

太子参

味甘微苦性平；
补脾肺 益气生津 养血

火麻仁

味甘，性平；
归脾、胃 大肠经
润肠通便 润燥乌发

玉竹

味甘性平；
养阴润燥 除烦止渴

玉米须

味甘淡平；
利胆退黄 利尿退肿 调降三高

甘草

味甘、性平；入十二经，以
心、肺、脾、胃经为主；可和
中缓急 润肺解毒 调和诸药

生地

味甘苦性寒；
滋阴 凉血 养血

田七

味甘苦性温；
活血散瘀 消肿定痛

白芷

味辛性温；
祛风燥湿 消肿排脓 止痛通鼻

百合

味甘性微寒;
润肺止咳 清心安神

何首乌

味甘苦涩性温;
补肝益肾 养血祛风 乌发

决明

味甘苦咸、性微寒;
归肝、胆、肾、大肠经
清肝明目 利水通便 调
降血压血清及胆固醇

沙参

味甘苦性微寒;
养阴清肺 养胃利咽喉

赤小豆

性平味甘酸;
健脾利湿 消肿解毒

玫瑰

味甘气香性温;
理气解郁 和血散淤

芡实

味甘涩性平;
补中益气 健脾止泻

花生

味甘性平;
健脾和胃 利肾通乳

南杏

味微甜;
润肺止咳 润燥养肌 开胃润肠

扁豆

性甘味微温；
健脾化湿

枸杞

味甘性平；
滋肾润肺 补肝明目

眉豆

味甘性平咸；
健脾补肾 安神益气

红枣

味甘性温；
健脾胃 养肝排毒 养血补气

红莲子

味甘涩性平；
养心益肾 补脾涩肠 除寒湿

核桃

味甘性温；
补肾乌发 益智温肺 润肠

桂圆

味甘性温；
益心脾 补气血 安神

海底椰

性味甘凉；
除燥清热 润肺止咳

茯苓

性平味甘；
健脾益气 利水化湿 能补能泻

马蹄

性甘味寒；
入肺、胃三经；
清心泻火 利尿通便

淮山

味甘性平；
健脾和胃 益气补肺 固肾涩精

荷叶

味苦性平；
清暑利湿 升发清阳

陈皮

味苦辛性温；
理气调中 燥湿化痰

雪蛤

味甘咸性平；
补肾益精 养阴润肺 美容养颜

麦冬

微苦微寒；
养阴润肺 益胃生津 清心除烦

无花果

味甘性平；
健脾滋养 润肠通便

黄豆

味甘性平；
润燥健脾 清热利水 解毒通便

黄芪

味甘性温；
补中益气 利水消肿

黑豆

性平味甘；
补脾利水 解毒

黑芝麻

味甘、性平；
归肺、脾、肝、肾经
补肝益肾 乌发明目 抗衰老

黑枣

味甘性温；
补脾和胃 益气 养血安神

葛根

性凉味甘辛；
解表退热 生津止泻 降血糖

绿豆

味甘性寒；
清热解毒 利水消肿

蜜枣

味甘性平；
补益脾胃 缓和药性

薏仁

味甘淡性凉微寒；
健脾补肺 清热利湿

党参

味甘性平；
补中益气 生津养血

响螺

味甘咸性寒；
明目利水 滋阴养颜

【 瘦身食物一览表 】

想要瘦身窈窕美丽，在饮食前可以多选择助瘦饮食

烤红萝卜 　红萝卜含有水分和纤维，所以会有饱足感，烤过的红萝卜所含的抗氧化剂是生萝卜的3倍，可帮助减肥

烤马铃薯 　含有大蒜素，可以有效抗发炎，避免脂肪堆积
（但是上面不可加起司同烤喔）

热可可 　热可可的抗氧化是红茶的5倍

小黄瓜 　利水消肿、促进新陈代谢

白木耳 　滋阴润肺、强心补脑

豆芽菜 　舒压润肠、润泽肌肤

高丽菜 　促进新陈代谢、提升免疫力

金针菇 　美肌润肠、尤热量

雪莲子 　又名鹰嘴豆，富含蛋白质和纤维，不容易有饥饿感，可避免饮食过量，另含有对人体有益的不饱和脂肪，可减少脂肪堆积

绿豆芽 　促进新陈代谢、加速脂肪燃烧、改善便秘

玄米 　高纤食物，含有丰富的维生素及矿物质，能降低胆固醇，延长饱足感

咖啡 　促进新陈代谢、燃烧脂肪

红酒 　葡萄皮含有白藜芦醇，对心脏有益，还可以帮助脂肪细胞的生长。红酒含有的丙酮酸盐可加速新陈代谢，有效燃烧脂肪

燕麦 　含丰富纤维和蛋白质，可减少碳水化合物吸收，增加饱足感

冬瓜	清凉消暑、利水消肿、促进新陈代谢
薏仁	瘦身消脂、利水消肿、改善肌肤、改善便秘
绿豆	消肿解毒、消暑热燥
芦笋	抗氧化、养颜美容、消脂瘦身
地瓜	含有类胡萝卜素和抗氧化绿原酸,可减缓葡萄糖和胰岛素的释放,避免体重的增加。大量的钙质与纤维素可促进肠胃蠕动,预防便秘
南瓜	增强免疫力、改善便秘、抗衰老、舒缓压力、抗发炎、抑制脂肪堆积
木瓜	木瓜酵素可以分解蛋白质、糖及脂肪,促进新陈代谢、整肠助消化,还有丰乳之效
番茄	健胃消食、润肤消脂
芹菜	整肠健胃、美颜瘦身
大蒜	解劳强免疫、降低胆固醇
牛蒡	便秘解毒、改善肌肤
番薯	促进肠胃蠕动、润肠排毒
芋头	帮助消化、活化肠胃
凤梨	丰富矿物质以及消化酵素帮助排毒
苹果	整肠、降胆固醇、调降血压

茼蒿	改善消化系统、预防便秘
辣椒	辣椒素可增加新陈代谢、促进脂肪燃烧、避免体内脂肪堆积
红枣	促进肠胃蠕动、帮助消化吸收、排清毒素
洋葱	能有效降低胆固醇，由于含有硫化物，能有效防止体内摄取养分转化成脂肪
海带	低卡、高纤，矿物质丰富，能帮助消化、促进排便、促进脂肪燃烧
紫菜	紫菜含有丰富的维生素A，是强效的抗氧化剂，可减轻自由基的危害，有助美肌焕肤，促进新陈代谢，延缓老化状态
绿茶	儿茶素或是咖啡因类物质，有助促进新陈代谢，尤其能提高脂肪分解酵素的活性，另一方面降低合成酵素的活性
水	喝足量的水对促进新陈代谢是有帮助的，2000毫升水中加一颗柠檬，其柠檬酸也可刺激代谢

好 料 何 处 寻
煲 汤 达 人 的 购 物 指 南

市场上有很多煲汤的药材，我们在挑选时常常会感觉眼花缭乱、力不从心，更遑论仔细甄选鉴别。事实上，在挑选物美价廉的药材方面一点儿都不能马虎，挑对药材，挑好药材，才能煲出美味可口的靓汤，也会减少很多不必要的麻烦。

中药铺

约有80%的药材可以在这里找到。但是你需要找一家信誉好的中药店，这样药材的质量才能有所保障。由于同一种药材往往有不同等级，价格也不尽相同，想知道有什么具体区别，可以询问药店工作人员，他们会很热情地回答你的问题的。

大型超市

一些药材的干货在大型超市就可以买得到。例如沃尔玛、华润万家、大润发等，决明子、胖大海、陈皮、莲子心、山楂、甘草、枸杞、猴头菇、茶树菇、当归、山药、党参、木耳等都可在此寻获，并且价格一般也比较合理，甚至有时比外面市场上还要便宜。超市购物的弊端就是这些药材仅仅是被简单的贴上价格标签摆在那里，缺乏专业的食材要用知识和食用禁忌。

草药铺

某些珍贵或不常见的药材找不到的可以到草药铺寻找，鸡骨草、茅根、竹蔗等都可以在此找到。

药材市场

药材市场也会是个卧虎藏龙的地方。在中国，截止到2001年，共有17家经国家中药管理局等部门批准成立的定点大型中药材交易市场，品种齐全，种类丰富。

网购

电子商务时代的到来，也带动了人们消费购物方式的革新，很多药材都可以通过网购获得，不出家门，快捷又方便。但需要提醒大家的是网购有风险，购物需谨慎。中药材一定要对实物仔细去看、闻、尝，网上的中药造假的很多，购买时一定要谨慎，尽量选择那些信誉较好的旗舰店或者专营店去买，还要注意发货地与药材产地之间的联系。

图书在版编目（CIP）数据

低能量窈窕瘦身美人汤/吴吉琳主编. —乌鲁木齐：
新疆人民卫生出版社,2015.6
ISBN 978-7-5372-6251-4

Ⅰ.①低… Ⅱ.①吴… Ⅲ.①汤菜－菜谱 Ⅳ.
①TS972.122

中国版本图书馆CIP数据核字(2015)第125130号

低能量窈窕瘦身美人汤

DINENGLIANG YAOTIAO SHOUSHEN MEIRENTANG

出版发行	新疆人民出版總社 新疆人民卫生出版社	
策划编辑	卓 灵	
责任编辑	李齐新	
版式设计	阮丽真	
封面设计	阮丽真	
地 址	新疆乌鲁木齐市龙泉街196号	
电 话	0991-2824446	
邮 编	830004	
网 址	http://www.xjpsp.com	
印 刷	深圳市雅佳图印刷有限公司	
经 销	全国新华书店	
开 本	173毫米×243毫米　16开	
印 张	12	
字 数	150千字	
版 次	2015年9月第1版	
印 次	2015年9月第1次印刷	
定 价	35.00元	